高等院校数字艺术精品课程系列教材

剪映
短视频剪辑与运营

全彩慕课版

蔡日祥 主编／汪凫谦 王赟 副主编

人民邮电出版社

北 京

图书在版编目（CIP）数据

剪映短视频剪辑与运营 ： 全彩慕课版 / 蔡日祥主编.

北京 ： 人民邮电出版社，2025. -- （高等院校数字艺术

精品课程系列教材）. -- ISBN 978-7-115-66612-3

Ⅰ. TP317.53；F713.365.2

中国国家版本馆 CIP 数据核字第 2025NJ3224 号

内 容 提 要

本书系统地介绍了使用剪映制作短视频的技巧，包括剪映和短视频基础、旅行记录短视频、文化纪录短视频、航拍短视频、文艺短视频、延时短视频、文创短视频、生活短视频、知识短视频和科技青春短视频等内容。

本书共 10 个项目，项目 1 概括介绍了剪映和短视频的基础知识。项目 2～项目 10 的任务实践部分详细介绍短视频制作案例的操作步骤，读者通过实际操作可以快速熟悉剪映的功能并领会设计思路；任务知识部分可以帮助读者深入学习剪映的基础知识；任务扩展部分用以拓展读者的实际应用能力，使读者顺利达到实战水平。

本书可作为高等院校短视频相关课程的教材，也可作为短视频制作初学者的自学参考书。

◆ 主　　编　蔡日祥

　　副 主 编　汪奂谦　王　赟

　　责任编辑　马　媛

　　责任印制　王　郁　焦志炜

◆ 人民邮电出版社出版发行　　　　北京市丰台区成寿寺路 11 号

　　邮编　100164　　电子邮件　315@ptpress.com.cn

　　网址　https://www.ptpress.com.cn

　　天津市银博印刷集团有限公司印刷

◆ 开本：787×1092　1/16

　　印张：13.5　　　　　　　　　　2025 年 8 月第 1 版

　　字数：388 千字　　　　　　　　2025 年 8 月天津第 1 次印刷

定价：69.80 元

读者服务热线：(010)81055256　印装质量热线：(010)81055316
反盗版热线：(010)81055315

短视频和剪映简介

短视频即短片视频，是互联网中重要的内容传播形式，其时长因不同平台的要求不同而有所差别，普遍在 5 分钟以内。它融合了生活技能、潮流时尚、搞笑逗趣、公益教育、新闻热点、街头采访、广告创意、商业宣传等内容。短视频具有时长短、成本低、传播速度快、参与性强等特点，深受广大互联网用户和从业人员的喜爱，已经成为当下设计领域关注度非常高的内容传播形式。

随着短视频的迅速发展，由抖音官方推出的视频编辑工具——剪映，逐渐成为众多用户常用的短视频后期处理工具。

剪映作为一款视频编辑工具，有着功能强大且操作简单的特点，并且支持多平台使用，可以做到手机端、平板计算机端、PC 端草稿互通，随时随地创作。同时，剪映拥有直观、易用的创作面板和 AI 功能，可以使用户高效地完成短视频的制作。剪映还有海量音频、表情包、贴纸、花字、特效、滤镜等素材，可以满足各类创作需求，使视频表达栩栩如生。剪映以其丰富的功能和简洁的界面设计，受到了自媒体从业者、视频编辑爱好者和专业人士的青睐。

如何使用本书

Step1 精选基础知识，快速了解剪映

概念和基础内容讲解

1. 剪映 App 和剪映专业版的区别

剪映 App 与剪映专业版在功能上有明显的区别。剪映 App 主要面向普通用户，提供基础的视频剪辑功能，如添加音乐、特效、滤镜等，适合快速剪辑和分享视频到社交媒体。而剪映专业版在功能上进行了大幅度的扩充，提供多轨剪辑、音频轨道编辑、高级色度键控、关键帧动画等专业功能，满足了更高层次的视频后期剪辑需求。

2. 抖音账号与剪映账号互联

如果想要使用更丰富的功能，或使用在抖音中收藏的素材和音乐，就需要在剪映中登录抖音账号。

打开剪映 App，在主界面中点击"我的"按钮，跳转到图 1-4 所示的登录界面，勾选"已阅读并同意剪映用户协议和剪映隐私政策"选项，点击"抖音登录"按钮，在跳转的界面中完成授权后，即可在剪映 App 中登录抖音账号，如图 1-5 所示。

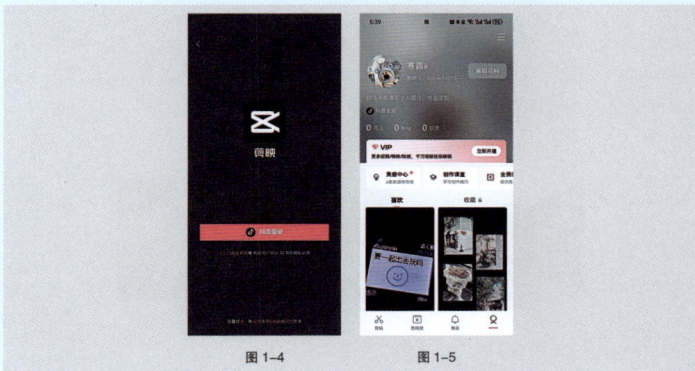

图 1-4　　　　　图 1-5

前言

了解学习目标

精选典型案例

项目 2

旅行记录短视频

旅行记录、文化纪录、航拍、文艺、延时、文创、生活、知识和科技青春短视频制作

旅行记录短视频是现代旅行者记录和分享他们的旅程的重要方式之一。这些短视频通常包含美丽的风景、独特的地标、地道的美食以及旅行中的趣事，它们不仅录是视觉上的享受，更是情感上的共鸣。本项目将详细讲解旅行记录短视频的剪辑思路和制作技巧。在制作旅行记录短视频时，既可以按照时间线进行剪辑，即按照旅行的开始时间到结束时间的变化来剪辑，也可以按照地点线进行剪辑，即按照旅行的地点变换来剪辑。

任务　制作旅行记录短视频

任务实践——制作《斜街印象》短视频

【任务目标】

　　旅行记录短视频已经成为记录旅行体验的主流方式，许多旅行者通过短视频平台分享他们的旅行经历。本任务通过制作《斜街印象》短视频，详细讲解旅行记录短视频的制作方法，使读者能够保存和分享旅行中的美好瞬间。

知识点详解

【任务要点】

　　进行前期的风景视频的拍摄，在剪映 App 中创建并导入视频，添加音频和节拍，对视频进行剪辑并添加滤镜和调色，添加标题文字，导出并查看短视频。最终效果参看学习资源中的"项目 2\ 效果 \ 斜街印象 .mp4"，如图 2-1 所示。

图 2-1

后期制作步骤详解

【任务制作】

1. 创建并导入素材

（1）点击手机界面中的"剪映"图标，进入主界面，如图 2-2 所示。点击"开始创作"按钮，进入"照片视频"导入界面。

（2）选择需要导入的 7 个视频素材，如图 2-3 所示，点击"添加"按钮，进入素材压缩界面，素材压缩完成后，进入视频制作界面，如图 2-4 所示。

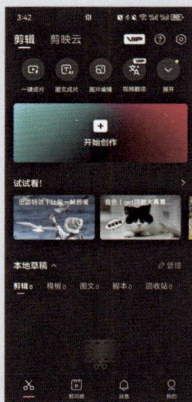  

图 2-2   图 2-3   图 2-4

Step3 任务扩展，巩固所学知识

任务扩展——制作《魅力平遥》短视频

巩固所学知识

进行前期的风景视频的拍摄，在剪映 App 中创建并导入视频，添加音频和节拍并为其制作淡入效果，对视频素材进行剪辑并添加滤镜和调色，添加标题文字，导出并查看短视频。最终效果参看学习资源中的"项目 2\效果\魅力平遥.mp4"，如图 2-98 所示。

图 2-98

前　言

配套资源

学习资源及获取方式如下。

- 所有案例的素材及最终效果文件。
- 全书慕课视频。登录人邮学院网站（www.rymooc.com）或扫描封面上的二维码，使用手机号码完成注册，再在首页右上角单击"学习卡"选项，输入封底刮刮卡中的激活码，即可在线观看视频。使用手机扫描书中的二维码也可以观看视频。

教学资源及获取方式如下。

- 全书 10 个项目的 PPT 课件。
- 课程标准。
- 课程计划。
- 教案。
- 详尽的任务扩展的操作视频。

任课教师可登录人邮教育社区网站（www.ryjiaoyu.com），在本书页面中免费下载使用。

教学指导

本书的参考学时为 64 学时，其中实训环节为 44 学时，各项目的参考学时参见下面的学时分配表。

本书约定

本书案例效果文件所在位置：项目编号 \ 效果 \ 案例名。如项目 2\ 效果 \ 斜街印象 .mp4。

由于编者水平有限，书中难免存在不妥之处，敬请广大读者批评指正。

项目	课程内容	学时分配	
		讲授	实训
项目 1	剪映和短视频基础	2	—
项目 2	旅行记录短视频	2	4
项目 3	文化纪录短视频	2	4
项目 4	航拍短视频	2	4
项目 5	文艺短视频	2	6
项目 6	延时短视频	2	6
项目 7	文创短视频	2	4
项目 8	生活短视频	2	6
项目 9	知识短视频	2	4
项目 10	科技青春短视频	2	6
学时总计		20	44

编　者

2025 年 1 月

目 录

   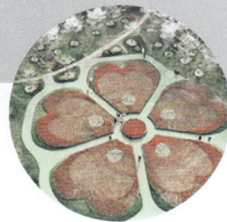

─01─

─02─

─03─

目 录

目 录

目 录

─ 09 ─

─ 10 ─

项目 1

01

剪映和短视频基础

随着移动设备的普及以及互联网的发展，短视频逐渐成为互联网内容的重要传播形式。其中剪映软件功能强大且操作简单，可以满足广大零基础短视频爱好者的创作需求。本项目主要介绍剪映软件及其工作界面，并对短视频的概念、发展、特点、类型和制作流程进行系统讲解。通过对本项目的学习，读者可以对剪映软件和短视频有一个宏观的认识，有助于高效、便利地进行后续的短视频制作。

项目 1　剪映和短视频基础

学习目标

知识目标	能力目标	素质目标
1. 了解剪映软件。 2. 掌握短视频的概念。 3. 了解短视频的发展。 4. 了解短视频的特点。 5. 熟悉短视频的类型。 6. 掌握短视频的制作流程	1. 熟悉剪映 App 和剪映专业版的界面构成。 2. 遵循短视频制作流程进行短视频制作	1. 培养学习兴趣。 2. 培养获取短视频新知识、新技能、新方法的基本能力。 3. 树立文化自信、职业自信

任务实践——下载并安装剪映

【任务目标】

本任务通过介绍下载并安装剪映的方法，让读者初步了解剪映软件。

【任务要点】

使用应用市场或第三方应用商店下载剪映软件。

【任务制作】

（1）点击华为手机界面中的"应用市场"图标进入 App 主界面。在主界面中搜索"剪映"并进入安装界面，如图 1-1 所示。点击界面下方的"安装"按钮，开始安装剪映，如图 1-2 所示。安装完成后，点击"打开"按钮，打开剪映 App。

（2）进入剪映 App 界面，同时弹出"个人信息保护指引"弹窗，如图 1-3 所示。点击"同意"按钮，确认隐私保护权限。弹出"诚邀您加入用户体验计划"弹窗，点击"同意"按钮。

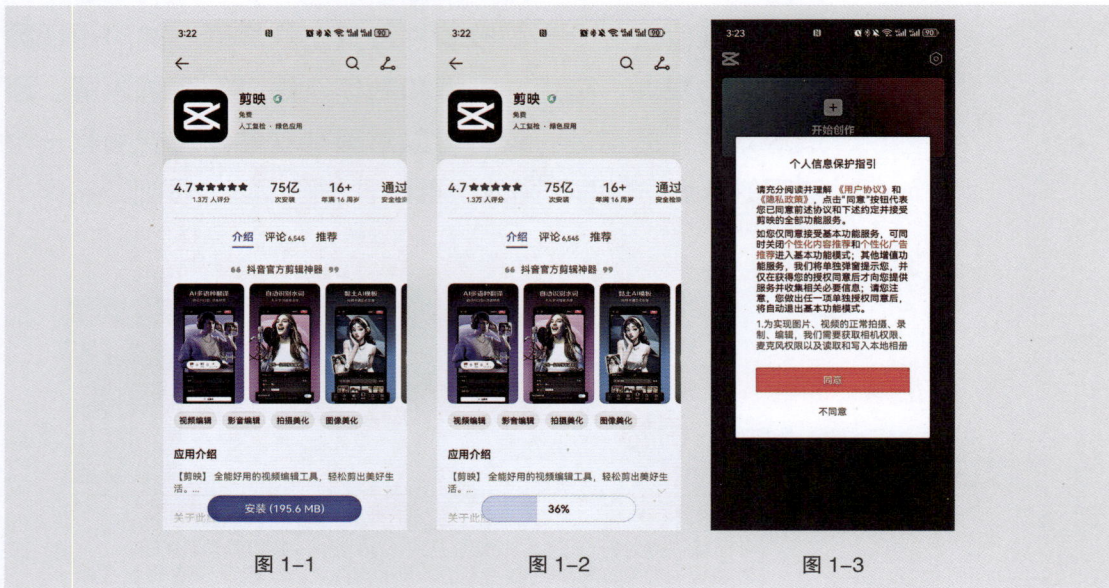

图 1-1　　　　　　　　图 1-2　　　　　　　　图 1-3

（3）剪映专业版需在计算机端下载并安装，其方法与剪映 App 基本一致，这里不赘述。

任务知识

1.1.1 剪映软件介绍

剪映是由抖音官方推出的一款视频编辑工具，其主要特点在于简洁、易用的操作界面和强大的视频剪辑功能。用户可以通过剪映轻松地进行视频剪辑，包括切割、变速、倒放等操作，同时可以添加转场、贴纸、文本等元素来丰富视频内容，还可以使用剪映提供的丰富的曲库资源。此外，剪映提供了多种风格的滤镜和美颜方案，可以让用户的视频更具吸引力。

自 2019 年 5 月上线以来，剪映已经支持在手机端、平板计算机端、Mac 计算机端以及 Windows 计算机端使用。

1. 剪映 App 和剪映专业版的区别

剪映 App 与剪映专业版在功能上有明显的区别。剪映 App 主要面向普通用户，提供基础的视频剪辑功能，如添加音乐、特效、滤镜等，适合快速剪辑和分享视频到社交媒体。而剪映专业版在功能上进行了大幅度的扩充，提供多轨剪辑、音频轨道编辑、高级色度键控、关键帧动画等专业功能，满足了更高层次的视频后期剪辑需求。

2. 抖音账号与剪映账号互联

如果想要使用更丰富的功能，或使用在抖音中收藏的素材和音乐，就需要在剪映中登录抖音账号。

打开剪映 App，在主界面中点击"我的"按钮，跳转到图 1-4 所示的登录界面，勾选"已阅读并同意剪映用户协议和剪映隐私政策"选项，点击"抖音登录"按钮，在跳转的界面中完成授权后，即可在剪映 App 中登录抖音账号，如图 1-5 所示。

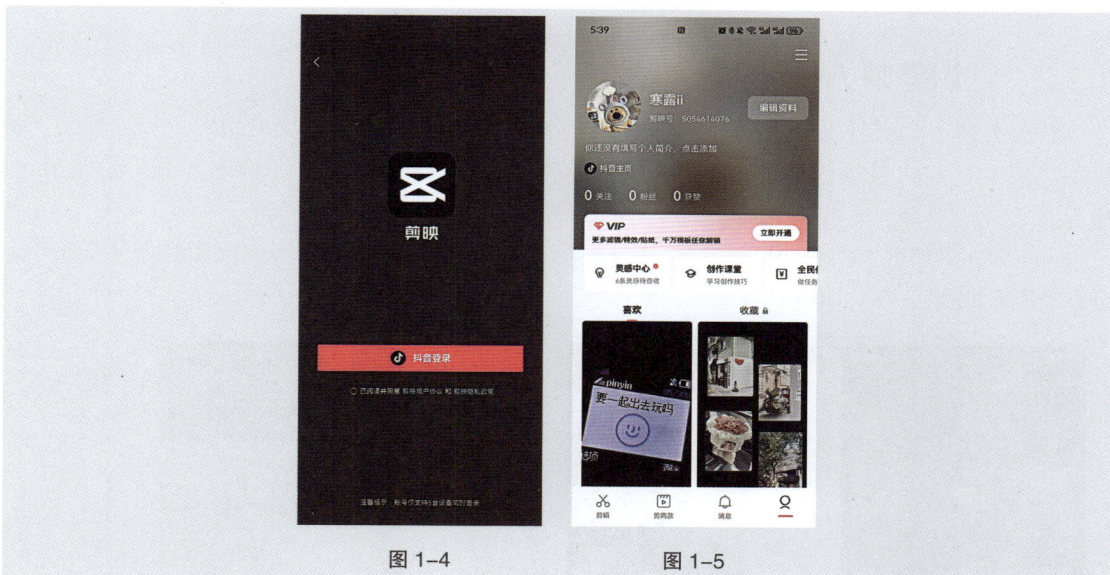

图 1-4　　　　　　　　　图 1-5

打开剪映专业版，如图 1-6 所示。在启动界面中单击"点击登录账户"按钮，弹出图 1-7 所示的登录界面。

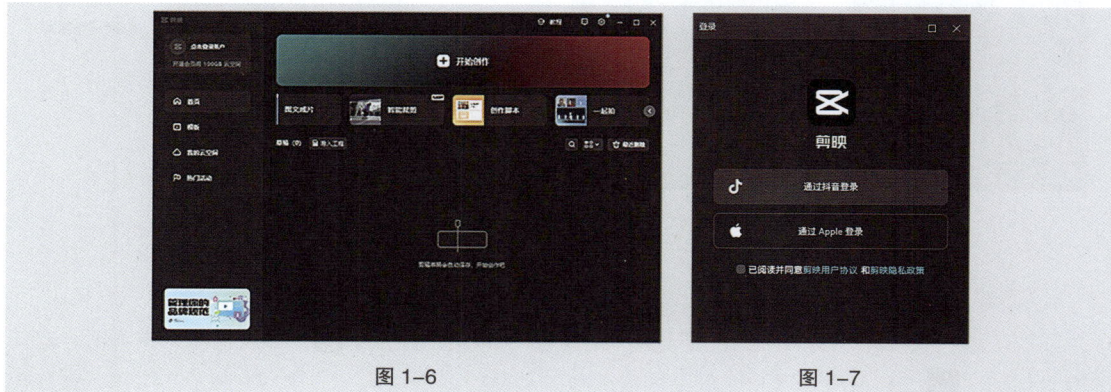

图 1-6　　　　　　　　　图 1-7

在登录界面中，勾选"已阅读并同意剪映用户协议和剪映隐私政策"选项，单击"通过抖音登录"按钮，进入授权界面，如图 1-8 所示。在手机上打开抖音 App，扫描授权界面上的二维码，授权成功后即可在剪映专业版中登录抖音账号，如图 1-9 所示。

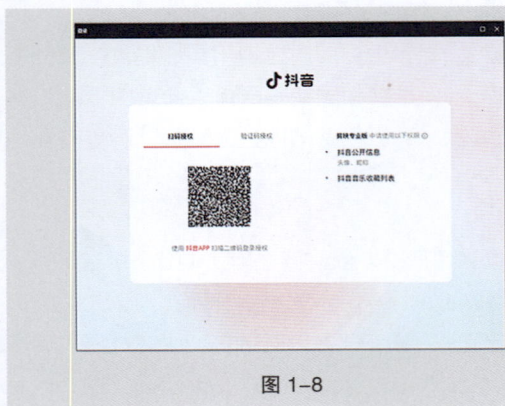 

图 1-8   图 1-9

1.1.2   认识剪映 App 界面

启动剪映 App 后，即可进入主界面，如图 1-10 所示。其主要由"剪辑""剪同款""消息""我的"四大板块组成，点击对应的功能按钮可以切换至对应的功能界面，如图 1-11 所示。

在主界面中点击"开始创作"按钮，并导入素材，即可进入剪辑界面。剪辑界面包括 4 个部分，分别是顶部工具栏、素材预览区域、时间轴区域和底部工具栏，如图 1-12 所示。

  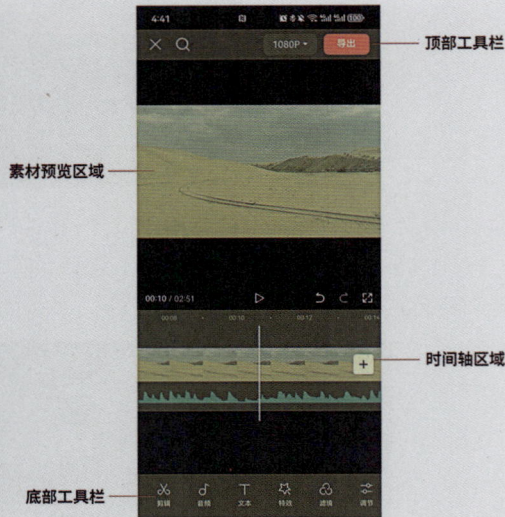

图 1-10   图 1-11   图 1-12

1. 顶部工具栏

顶部工具栏主要用于剪辑项目的退出和导出。点击"关闭"按钮 ✕，即可退出剪辑界面；点击"搜索"按钮 🔍，弹出搜索界面，可以搜索需要的功能或联系客服；点击"1080P"按钮，在弹出的界面中可以选择导出视频的分辨率和帧率，还可以设置是否开启"智能 HDR"功能；点击"导出"按钮，即可导出剪辑好的视频。

2. 素材预览区域

素材预览区域用于对导入的视频素材和编辑效果进行实时预览和调整，将同步显示当前指针所在帧的画面。

3. 时间轴区域

时间轴区域是视频编辑的主要操作区域，通过它可以完成绝大多数编辑任务。

时间线调整：时间轴区域顶部的时间线可以通过双指操作进行放大或缩小。双指向外拉伸可以放大时间线，缩小时间间距，适用于精细调整；双指向内收缩可以缩小时间线，增加时间间距，适用于整体编辑和预览。

快速预览视频内容：在时间线空白区域左右滑动，可以快速预览视频内容。

剪辑轨道：时间轴区域下方的剪辑轨道用于编辑音频、文本、贴纸、画中画及特效等素材，点击相应选项即可展示二级工具栏。默认情况下只显示主视频轨道和主音频轨道，如图 1-13 所示。其他轨道如画中画、文本轨道、特效轨道、调节轨道等折叠显示。例如，通过新增画中画，可以在视频上叠加视频或图片。要对添加的素材进行选择或编辑时，用户可以点击素材缩览气泡或者在底部工具栏中点击相应的工具按钮来展开轨道，如图 1-14 所示。

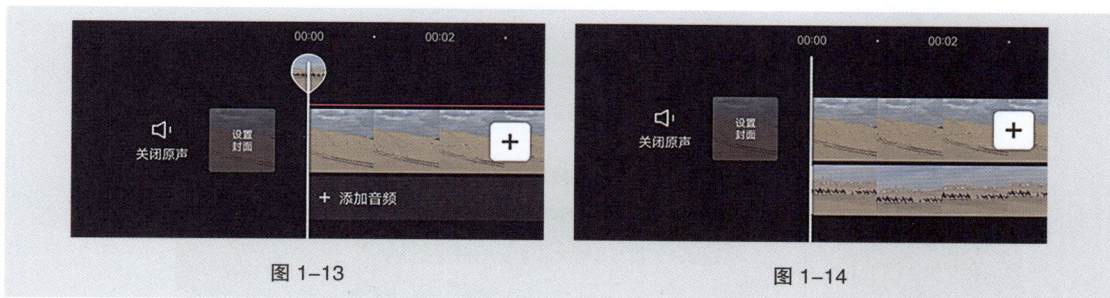

图 1-13　　　　　　　　　　　　　　　　　　图 1-14

关闭原声和设置封面：时间轴左侧的两个按钮分别是"关闭原声"和"设置封面"。点击"关闭原声"按钮可以关闭或开启轨道上所有视频的原声，而点击"设置封面"按钮可以使用剪映内置的封面模板为视频设计一个封面。

4. 底部工具栏

底部工具栏默认显示一级工具栏，其中包括"剪辑"按钮、"音频"按钮、"文本"按钮、"特效"按钮、"滤镜"按钮、"调节"按钮、"贴纸"按钮、"画中画"按钮、"模板"按钮、"比例"按钮和"背景"按钮等，如图 1-15 所示。点击一级工具栏中的任意按钮（如"音频"按钮），即可进入二级工具栏，如图 1-16 所示，此时最左侧有一个返回图标■，点击即可返回一级工具栏。

图 1-15　　　　　　　　　　　　　　　　　　图 1-16

1.1.3　认识剪映专业版界面

启动剪映专业版后，即可进入主界面，如图 1–17 所示。在主界面中，用户可以创建新的视频剪辑项目，也可以对已有的视频剪辑项目进行重命名、删除等基本操作。

图 1–17

在主界面中单击"开始创作"按钮，即可进入剪辑界面。剪辑界面包括 6 个部分，分别是常用功能区、素材区、播放器、素材调整区、工具栏和时间轴，如图 1–18 所示。

图 1–18

1．常用功能区

常用功能区包含"媒体""音频""文本""贴纸""特效""转场""字幕""滤镜""调节""模板"10 个选项，其中只有"媒体"选项没有在剪映 App 中出现。在剪映专业版中选择"媒体"选项后，可以从"本地"或"素材库"中选择素材并将素材导入素材区。

2. 素材区

根据选择的不同选项，能够显示出导入的素材、音频库、文本库、贴纸库等可用的素材。

3. 播放器

在剪辑短视频的过程中，可随时在播放器中预览效果。单击播放器右下角的 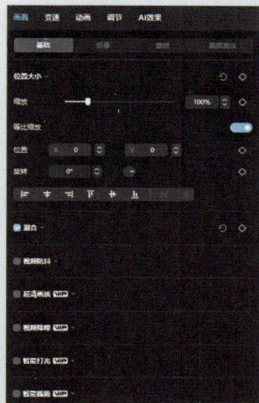 按钮，可进入全屏预览模式；单击播放器右下角的 比例 按钮，可以调整画面比例。

4. 素材调整区

选中时间轴中的某一轨道后，素材调整区会出现该轨道的效果设置参数。选中视频轨道时，设置选项如图 1-19 所示；选中音频轨道时，设置选项如图 1-20 所示；选中文本轨道时，设置选项如图 1-21 所示。

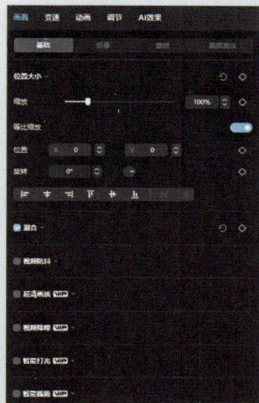
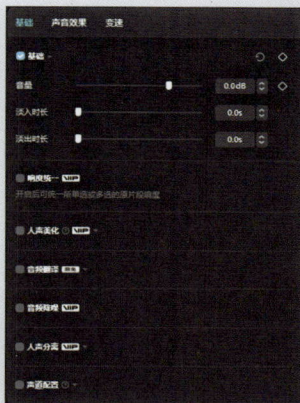
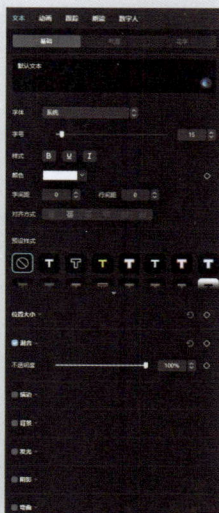

图 1-19 图 1-20 图 1-21

5. 工具栏

在工具栏中，可以快速对视频轨道进行分割、删除、定格、倒放、镜像、旋转和裁剪 7 种操作。如果操作失误，单击 ⤺ 按钮，即可将上一步操作撤回。

6. 时间轴

时间轴中包含"轨道""时间指示器""时间刻度"三大元素。由于剪映专业版的剪辑界面较大，所以不同的轨道可以同时显示在时间轴中，如图 1-22 所示。与剪映 App 相比，剪映专业版可以提高后期处理的效率。

图 1-22

任务 1.2 初识短视频

任务实践——通过剪映了解短视频的类型

【任务目标】

本任务通过浏览剪映中视频的分类，让读者了解目前热门的短视频类型。

【任务要点】

使用剪映 App 的"剪同款"功能了解短视频的类型。

幕课视频

任务 1.2 初识
短视频

【任务制作】

（1）点击手机界面中的"剪映"图标，进入主界面。点击"剪同款"按钮，进入模板界面。

（2）点击"全部模板"分类，再点击"全部分类"右侧的箭头按钮，展开分类，热门分类如图 1-23 所示。点击"营销推广"分类，再点击"全部分类"右侧的箭头按钮，展开分类，热门分类如图 1-24 所示。点击"营销图片"分类，再点击"全部分类"右侧的箭头按钮，展开分类，热门分类如图 1-25 所示。

图 1-23　　　　　　　　　　图 1-24　　　　　　　　　　图 1-25

任务知识

1.2.1 短视频的概念

短视频即短片视频，又称微视频，是一种在互联网上传播内容的形式。其时长因不同平台的要求不同而有所差别，普遍在 5 分钟以内。图 1-26 所示为几个短视频的截图，其中图 1-26（a）为中国国家博物馆官方账号在抖音发布的短视频截图，图 1-26（b）为北京广播电视台官方账号在快手发布的短视频截图，图 1-26（c）为美食频道官方账号在美拍发布的短视频截图。

剪映短视频剪辑与运营（全彩慕课版）

8

（a）　　　　　　　　（b）　　　　　　　　（c）

图 1-26

1.2.2　短视频的发展

短视频的发展可以大致分为开始阶段、发展阶段及爆发阶段。

1. 开始阶段

2013—2015 年是短视频的开始阶段，以美拍、秒拍及小咖秀等为主的短视频平台逐渐进入公众的视野，被互联网用户接受。在图 1-27 所示的 App 图标中，图 1-27（a）为美拍，图 1-27（b）为秒拍。

（a）　　　　　　　　（b）

图 1-27

2. 发展阶段

2016—2017 年是短视频的发展阶段。这一阶段的短视频发展呈现出百花齐放之势，各大互联网企业以及电视、报纸等传统媒体纷纷开启在短视频领域的竞争，其间以快手为代表的短视频平台发展最为迅猛，快手 App 图标如图 1-28 所示。

图 1-28

3. 爆发阶段

2018 年至今是短视频的爆发阶段，其总播放量呈爆炸式增长态势。后来居上的抖音、火山小视频以及西瓜视频等不同短视频平台都旨在通过各自的特点，吸引不同的用户。在图 1-29 中，图 1-29（a）为抖音 App 图标，图 1-29（b）为西瓜视频 App 图标。

（a）　　　　　　　　　（b）

图 1-29

1.2.3　短视频的特点

短视频具有时长短、成本低、传播速度快、参与性强的特点，如图 1-30 所示。

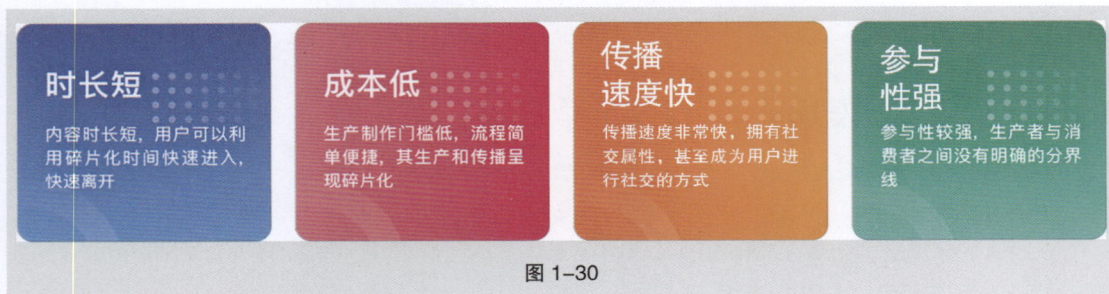

时长短	成本低	传播速度快	参与性强
内容时长短，用户可以利用碎片化时间快速进入，快速离开	生产制作门槛低，流程简单便捷，其生产和传播呈现碎片化	传播速度非常快，拥有社交属性，甚至成为用户进行社交的方式	参与性较强，生产者与消费者之间没有明确的分界线

图 1-30

1.2.4　短视频的类型

短视频从内容上可以分为人物写真短视频、生活技能短视频、旅行 Vlog、创意混剪短视频、宣传短视频及产品广告短视频。

1. 人物写真短视频

人物写真短视频即以人物作为主要内容进行拍摄的短视频。这类短视频会将人物最真实或更多面的状态呈现出来。人物写真短视频往往具有美观性和可看性，容易让用户产生代入感。在图 1-31 中，图 1-31（a）为抖音用户发布的人物写真短视频，图 1-31（b）为美拍用户发布的人物写真短视频。

2. 生活技能短视频

生活技能短视频即分享日常生活技巧的短视频。这类短视频的内容较为贴近用户生活。随着短视频行业的发展，生活技能短视频在移动互联网中被广泛传播。在图 1-32 中，图 1-32（a）为火山小视频中的用户发布的生活技能短视频，图 1-32（b）为快手中的用户发布的生活技能短视频，图 1-32（c）为抖音中的用户发布的生活技能短视频。

（a）　　　　　　　　（b）

图 1-31

（a）　　　　　　　（b）　　　　　　　（c）

图 1-32

3. 旅行 Vlog

旅行 Vlog 即记录旅行中的趣事及感受的短视频。这类短视频不仅能展现沿途的美景，还能表现短视频制作者的心情。旅行 Vlog 深受文艺青年喜爱并被大量传播。在图 1-33 中，图 1-33（a）为济南市文化和旅游局官方账号在快手发布的旅行 Vlog，图 1-33（b）为洛阳市文化广电和旅游局官方账号在抖音发布的旅行 Vlog，图 1-33（c）为桂林文化广电和旅游局官方账号在西瓜视频发布的旅行 Vlog。

（a）　　　　　　　　　　（b）　　　　　　　　　　（c）

图 1-33

4. 创意混剪短视频

创意混剪短视频即对多个影片进行创意剪接的短视频。这类短视频或制作出色、效果震撼，或内容搞笑。创意混剪短视频具有极大的魅力，深受广大青年喜爱。在图 1-34 中，图 1-34（a）为腾讯视频中的用户发布的创意混剪短视频，图 1-34（b）为抖音中的用户发布的创意混剪短视频，图 1-34（c）为优酷中的用户发布的创意混剪短视频。

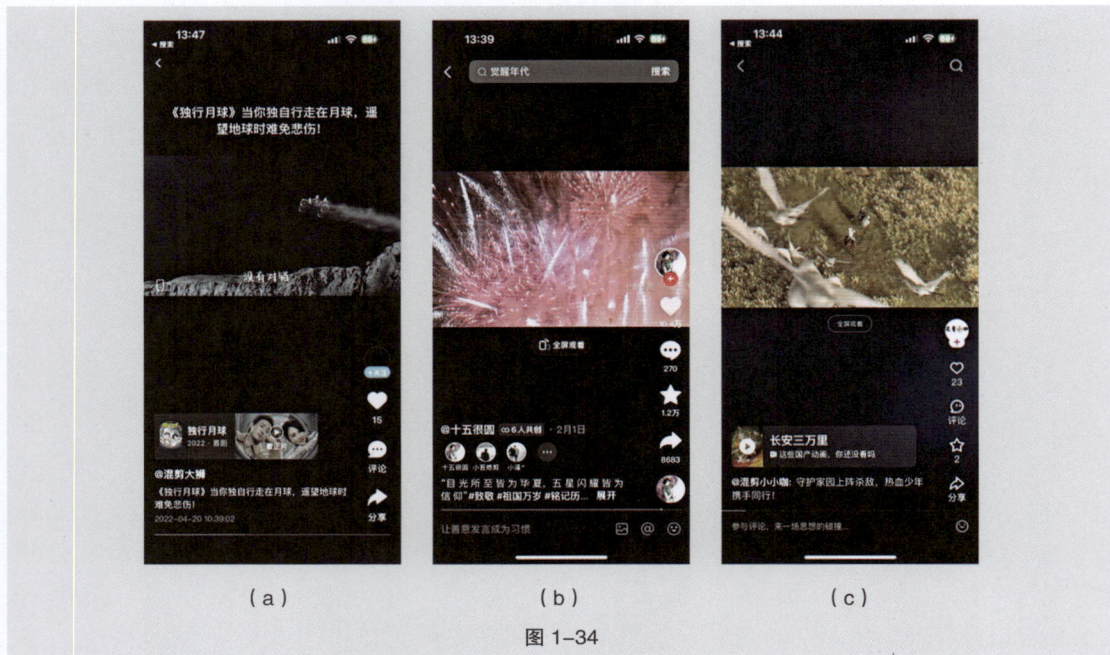

（a）　　　　　　　　　　（b）　　　　　　　　　　（c）

图 1-34

5. 宣传短视频

宣传短视频即宣传企业风貌、活动内容或产品特色等的短视频。这类短视频通常运用电影电视的表现手法，质量高。宣传短视频常被中大型企业广泛应用。在图1-35中，图1-35（a）为华为终端官方账号在小红书发布的宣传短视频，图1-35（b）为格力电器官方账号在抖音发布的宣传短视频，图1-35（c）为联想官方账号在西瓜视频发布的宣传短视频。

（a）　　　　　　　（b）　　　　　　　（c）

图1-35

6. 产品广告短视频

产品广告短视频即对相关产品进行宣传的短视频。这类短视频通常制作精美。产品广告短视频现已在京东、天猫、淘宝等电商平台上普遍使用。在图1-36中，图1-36（a）为天猫中关于李宁球鞋的产品广告短视频，图1-36（b）为苏宁易购中关于海尔冰箱的产品广告短视频，图1-36（c）为一条关于气垫粉扑的产品广告短视频。

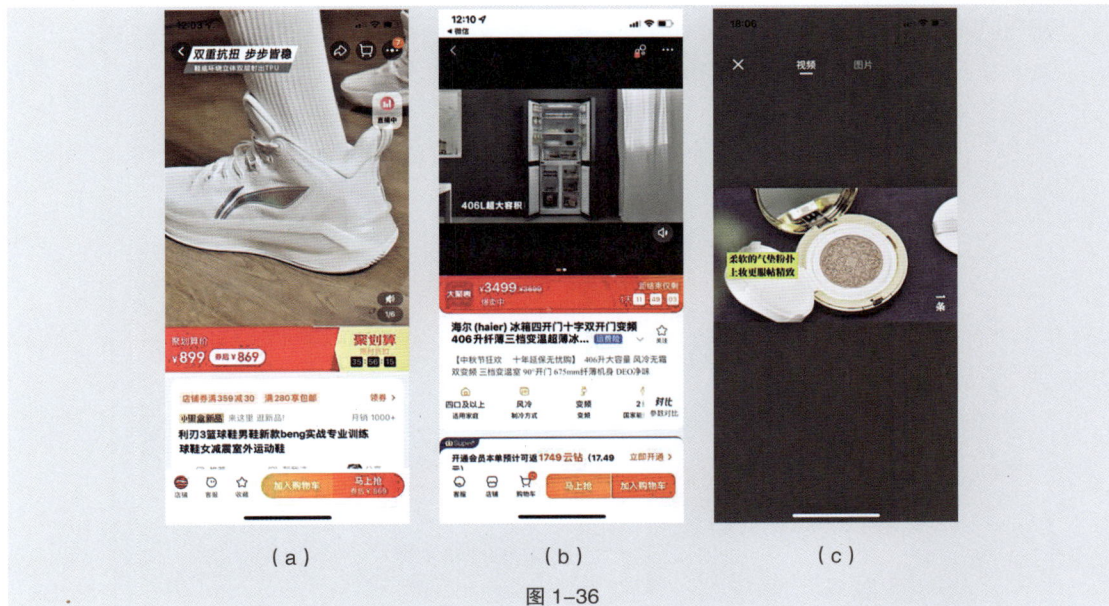

（a）　　　　　　　（b）　　　　　　　（c）

图1-36

1.2.5　短视频制作流程

短视频制作流程主要包括前期准备、脚本策划、进行拍摄、剪辑制作、上传发布和运营推广，如图 1-37 所示。

图 1-37

02

项目 2
旅行记录短视频

旅行记录短视频是现代旅行者记录和分享他们的旅程的重要方式之一。这些短视频通常包含美丽的风景、独特的地标、地道的美食以及旅行中的趣事，它们不仅是视觉上的享受，更是情感上的共鸣。本项目将详细讲解旅行记录短视频的剪辑思路和制作技巧。在制作旅行记录短视频时，既可以按照时间线进行剪辑，即按照旅行的开始时间到结束时间的变化来剪辑，也可以按照地点线进行剪辑，即按照旅行的地点变换来剪辑。

慕课视频

项目 2　旅行记录短视频

学习目标

知识目标	能力目标	素质目标
1. 了解素材的导入和剪辑。 2. 掌握添加和设置背景音乐的方法。 3. 掌握创建标题文字的方法。 4. 掌握导出短视频的方法	1. 掌握《斜街印象》短视频的制作方法。 2. 掌握《魅力平遥》短视频的制作方法	1. 培养善于思考、勤于练习的能力。 2. 培养对短视频制作持续学习、独立思考的能力。 3. 培养将短视频制作中的理论规范联系实际操作的能力

任务　制作旅行记录短视频

任务实践——制作《斜街印象》短视频

【任务目标】

旅行记录短视频已经成为记录旅行体验的主流方式，许多旅行者通过短视频平台分享他们的旅行经历。本任务通过制作《斜街印象》短视频，详细讲解旅行记录短视频的制作方法，使读者能够保存和分享旅行中的美好瞬间。

【任务要点】

进行前期的风景视频的拍摄，在剪映 App 中创建并导入视频，添加音频和节拍，对视频进行剪辑并添加滤镜和调色，添加标题文字，导出并查看短视频。最终效果参看学习资源中的"项目 2\ 效果 \ 斜街印象 .mp4"，如图 2-1 所示。

图 2-1

【任务制作】

1. 创建并导入素材

（1）点击手机界面中的"剪映"图标，进入主界面，如图 2-2 所示。点击"开始创作"按钮，进入"照片视频"导入界面。

（2）选择需要导入的 7 个视频素材，如图 2-3 所示，点击"添加"按钮，进入素材压缩界面，素材压缩完成后，进入视频制作界面，如图 2-4 所示。

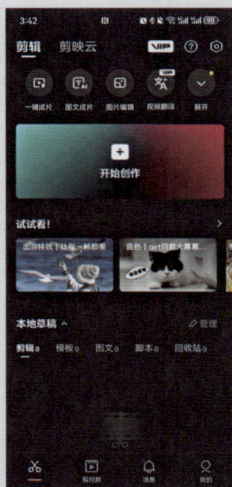  

图 2-2　　　　　　　　　图 2-3　　　　　　　　　图 2-4

2. 添加音频和节拍

（1）点击"音频"按钮，弹出相应的按钮，如图 2-5 所示。点击"音乐"按钮，进入"音乐"界面，如图 2-6 所示。

（2）在搜索框中输入"胡同"，点击"搜索"按钮，可搜索出相关的多个音频。点击相应的音频，可以试听音乐，如图 2-7 所示。

图 2-5

图 2-6

图 2-7

（3）点击音频右侧的"使用"按钮，可添加选取的音频，如图 2-8 所示。在底部工具栏中向左滑动显示更多按钮，如图 2-9 所示，点击"节拍"按钮，弹出"节拍"选项。开启"自动踩点"，默认节奏点如图 2-10 所示。

图 2-8

图 2-9

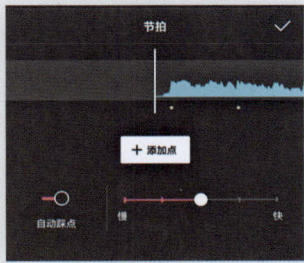
图 2-10

（4）调整节奏点的速度，如图 2-11 所示，点击"√"按钮，确认操作。可以试听音频，试听结束后，返回素材起始位置，如图 2-12 所示。在底部工具栏中向右滑动显示更多按钮，如图 2-13 所示。

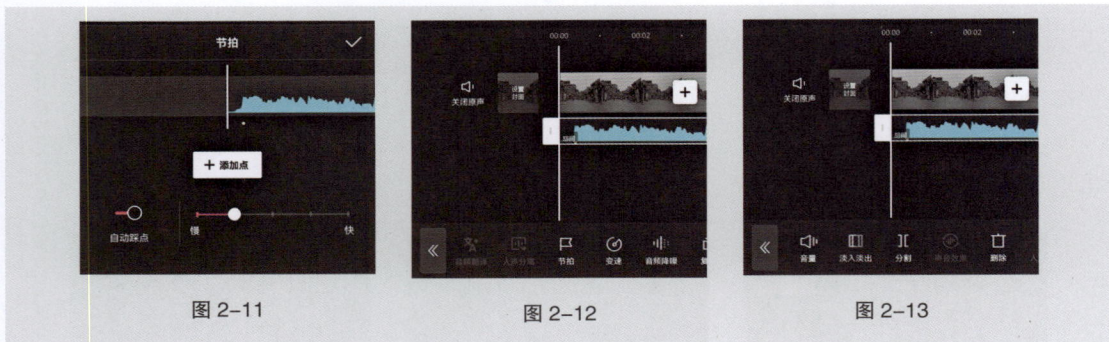

图 2-11　　　　　　　　　　　图 2-12　　　　　　　　　　　图 2-13

（5）点击"淡入淡出"按钮，弹出"淡入淡出"选项，调整"淡入时长"选项，如图 2-14 所示。调整"淡出时长"选项，如图 2-15 所示。点击"√"按钮，确认操作。返回素材起始位置，点击左侧的"关闭原声"按钮，关闭原声，如图 2-16 所示。

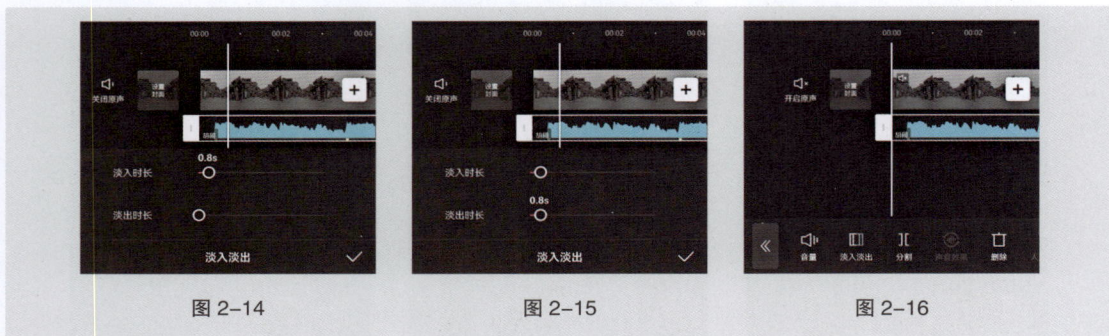

图 2-14　　　　　　　　　　　图 2-15　　　　　　　　　　　图 2-16

3. 剪辑并调整素材

（1）选择第 1 个视频素材，移动白色显示滑杆到图 2-17 所示的位置。点击底部工具栏中的"分割"按钮，将视频进行分割，分割后视频中间会出现白色的连接标记，如图 2-18 所示。

（2）选择分割后左侧的视频素材，点击"删除"按钮，删除视频素材，如图 2-19 所示。

图 2-17　　　　　　　　　　　图 2-18　　　　　　　　　　　图 2-19

（3）移动白色显示滑杆到第 3 个节奏点处。选择视频素材文件，点击底部工具栏中的"分割"按钮，将视频进行分割，如图 2-20 所示。选择分割后右侧的视频素材，点击"删除"按钮，删除视频素材，如图 2-21 所示。

（4）选择第 2 个视频素材，在预览窗口中放大图像，如图 2-22 所示。

图 2-20 　　　　　　　　　图 2-21 　　　　　　　　　图 2-22

（5）移动白色显示滑杆到第 4 个节奏点处，选择视频素材，点击底部工具栏中的"分割"按钮，将视频进行分割，如图 2-23 所示。选择分割后右侧的视频素材，点击"删除"按钮，删除视频素材，如图 2-24 所示。移动白色显示滑杆到图 2-25 所示的位置，选择视频素材并进行分割。

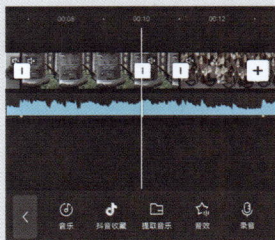 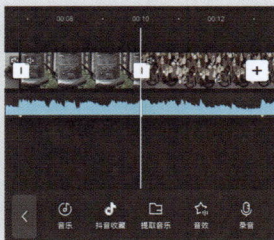 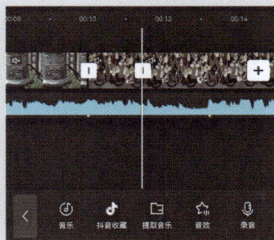

图 2-23 　　　　　　　　　图 2-24 　　　　　　　　　图 2-25

（6）选择分割后左侧的视频素材，点击"删除"按钮，删除视频素材，如图 2-26 所示。

（7）将白色显示滑杆移动到第 5 个节奏点处，选择视频素材并进行分割，如图 2-27 所示。选择分割后右侧的视频素材，点击"删除"按钮，删除视频素材，如图 2-28 所示。

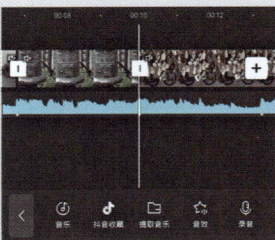 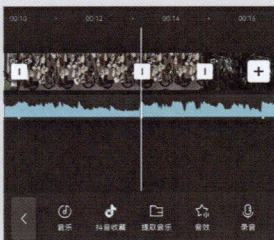 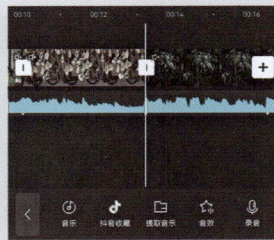

图 2-26 　　　　　　　　　图 2-27 　　　　　　　　　图 2-28

（8）将白色显示滑杆移动到第 6 个节奏点处，选择视频素材并进行分割，如图 2-29 所示。选择分割后右侧的视频素材，点击"删除"按钮，删除视频素材，如图 2-30 所示。

（9）将白色显示滑杆移动到第 7 个节奏点处，选择视频素材并进行分割，如图 2-31 所示。

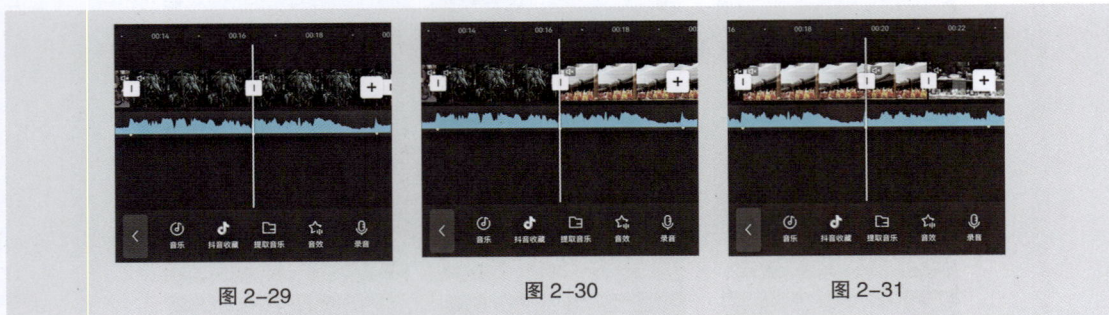

| 图 2-29 | 图 2-30 | 图 2-31 |

（10）选择分割后右侧的视频素材，点击"删除"按钮，删除视频素材，如图 2-32 所示。移动白色显示滑杆到 00:22 秒处，选择视频素材并进行分割，如图 2-33 所示。选择分割后左侧的视频素材，点击"删除"按钮，删除视频素材，如图 2-34 所示。

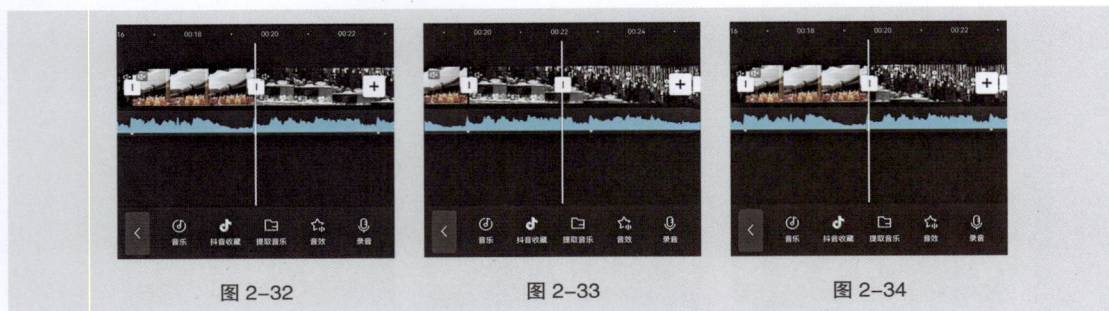

| 图 2-32 | 图 2-33 | 图 2-34 |

（11）将白色显示滑杆移动到音频结尾处，如图 2-35 所示。选择视频素材并进行分割，如图 2-36 所示。选择分割后右侧的视频素材，点击"删除"按钮，删除视频素材，如图 2-37 所示。

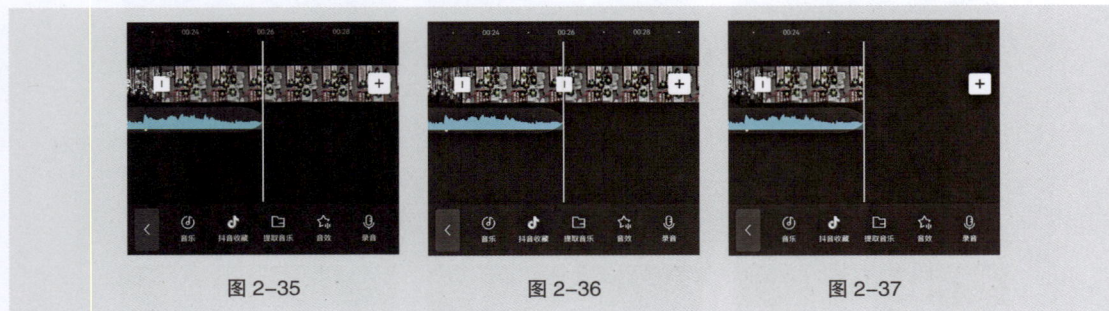

| 图 2-35 | 图 2-36 | 图 2-37 |

4. 添加滤镜和调色

（1）返回素材起始位置。点击底部工具栏左侧的三角按钮，显示出需要的按钮，如图 2-38 所示。点击"滤镜"按钮，弹出"滤镜"选项，选择"风景"选项中的"花园"滤镜，如图 2-39 所示。

（2）选择"调节"选项，将"亮度"设置为 26，如图 2-40 所示。

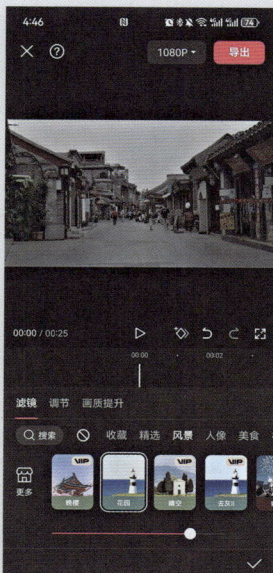

图 2-38   图 2-39   图 2-40

（3）将"对比度"设置为 18，如图 2-41 所示；将"饱和度"设置为 20，如图 2-42 所示；将"高光"设置为 14，如图 2-43 所示。点击"√"按钮，确认操作。

图 2-41   图 2-42   图 2-43

5. 添加标题文字

（1）连续点击底部工具栏左侧的三角按钮，显示相应的按钮，如图 2-44 所示。点击"文字"按钮，显示相应的按钮，如图 2-45 所示。点击"文字模板"按钮，弹出"文字模板"选项，如图 2-46 所示。

图 2-44 图 2-45 图 2-46

（2）在"旅行"模板中选择需要的模板，效果如图 2-47 所示。在预览窗口中分别选择文字并进行修改，如图 2-48 所示。在"样式"选项中分别选择需要的样式，并调节描边粗细，如图 2-49 所示。

图 2-47 图 2-48 图 2-49

（3）点击"√"按钮，确认操作，生成文字，如图 2-50 所示。在时间轴区域中向右拖曳文字右侧的边界框以调整时长，如图 2-51 所示。

图 2-50   图 2-51

6. 导出短视频

（1）预览完成后的短视频。点击上方的"1080P"，弹出导出选项设置界面，如图 2-52 所示。

（2）点击"导出"按钮，进入导出界面，如图 2-53 所示。导出完成后，点击"完成"按钮，如图 2-54 所示。可在图库 App 中回看短视频。

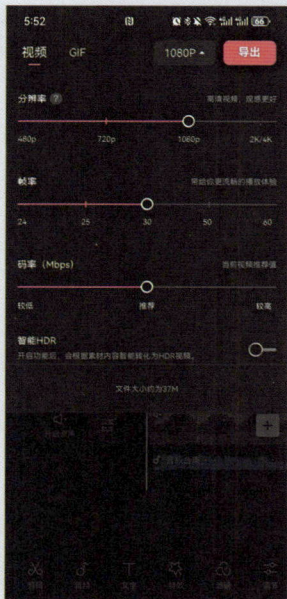
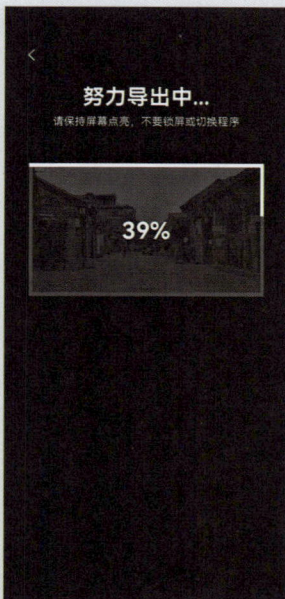

图 2-52   图 2-53   图 2-54

任务知识

2.1 导入素材

在剪映 App 的主界面中，点击"开始创作"按钮，如图 2-55 所示。进入"照片视频"导入界面，如图 2-56 所示。

点击界面上方的选项可以选择素材的来源，包括"照片视频""剪映云""素材库"。其中，"照片视频"选项对应的是手机上存储的文件，分为视频和照片两大类，可以根据需要进行筛选；"剪映云"选项对应的是上传到剪映云中的文件；"素材库"选项对应的是剪映 App 为用户提供的素材。

1. 素材的选择和排序

在"照片视频"选项下，依次点击素材右上角的小圆圈进行选择，被选中素材的小圆圈内会显示数字，这个数字是我们点击素材的顺序，也是添加到视频轨道中的顺序，如图 2-57 所示。如果需要调整素材的顺序，可以在视频缩览图中按住并拖动素材到合适的位置，对应素材右上角小圆圈内的数字会同时变更，如图 2-58 所示。素材选择完成后，点击"添加"按钮，进入视频制作界面，如图 2-59 所示。

图 2-55　　　　　　　　　　图 2-56

图 2-57　　　　　　　　图 2-58　　　　　　　　图 2-59

2. 导入新素材

如果在视频制作的过程中，需要导入新的素材，可以移动白色显示滑杆到相应的位置，如图2-60所示。点击轨道右侧的 + 按钮，进入"照片视频"导入界面，选中需要的素材，如图2-61所示。点击"添加"按钮，进入视频制作界面，如图2-62所示。

图2-60   图2-61   图2-62

2.2 剪辑素材

剪辑是视频制作中非常关键的步骤。对于拍摄完成的视频素材，需要从中选取最佳部分，去除不合适或冗余的内容，以确保视频质量和观看体验，还能够帮助创作者实现创意表达和叙事目的。

1. 调整素材时长

选择需要的视频素材，此时素材两侧会出现可拖动的白色边界框，如图2-63所示。拖动素材开头或结尾处的白色边界框，可以缩短或延长素材的播放时长，如图2-64所示。如果需要更精细地调整，可以放大或缩小时间轴，以便更准确地定位和调整，如图2-65所示。

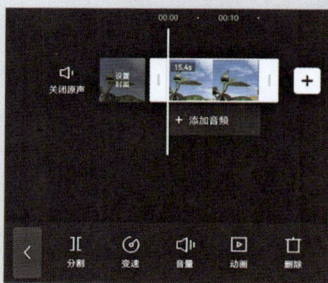
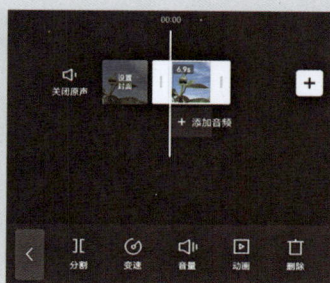

图2-63   图2-64   图2-65

2. 分割并删除素材

选择需要的视频素材，并移动白色显示滑杆到需要分割素材的位置，如图 2-66 所示。点击底部工具栏中的"分割"按钮，将视频进行分割，分割后视频中间会出现白色的连接标记，如图 2-67 所示。选择不需要的素材，点击"删除"按钮，删除素材，效果如图 2-68 所示。

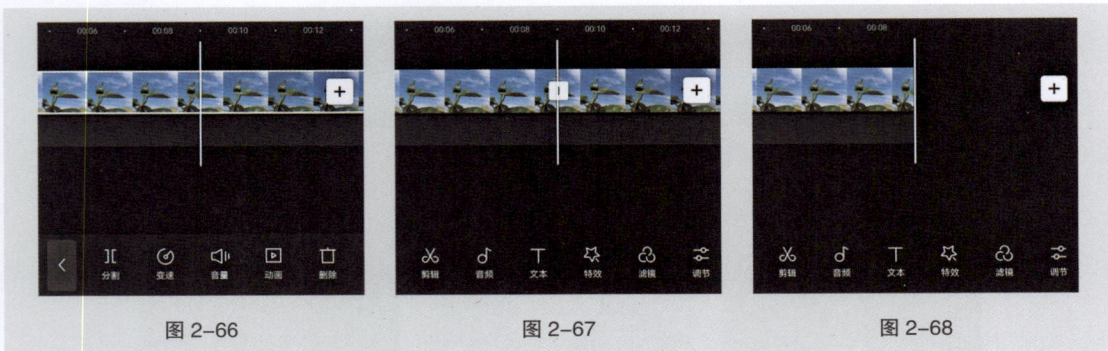

图 2-66   图 2-67   图 2-68

2.3 添加和设置背景音乐

对于短视频来说，只有画面而没有声音有些单调。因此，为视频添加合适的背景音乐很重要。

1. 添加音频

点击底部工具栏中的"音频"按钮，弹出相应的按钮，如图 2-69 所示。点击"音乐"按钮，进入"音乐"界面，如图 2-70 所示，可根据音乐类别快速挑选合适的背景音乐，或者在搜索框中输入歌曲名称，进行试听和使用。

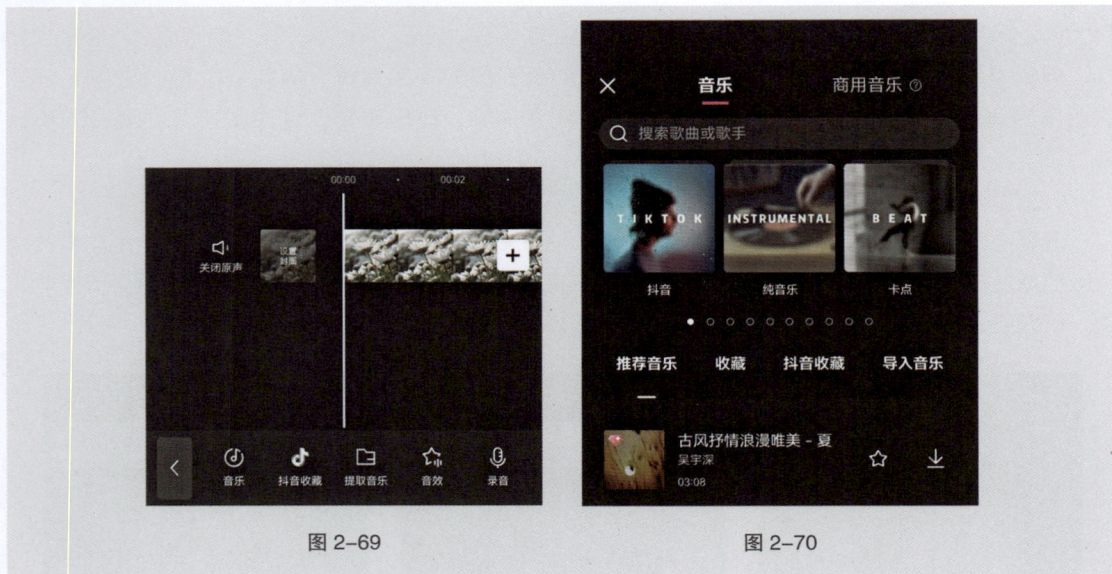

图 2-69   图 2-70

除此之外，还可以点击"收藏"选项，使用之前收藏的音频，如图 2-71 所示。作为一款与抖音直接关联的短视频剪辑软件，在剪映 App 中可以登录抖音账号，在账号连接的状态下，点击"抖音收藏"选项，使用在抖音中收藏的音频，如图 2-72 所示。

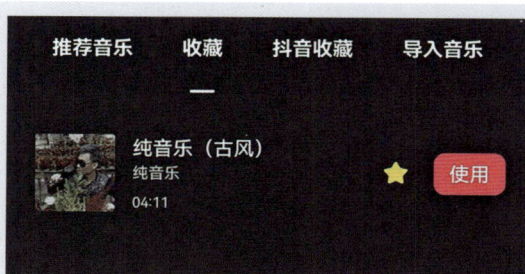

图 2-71

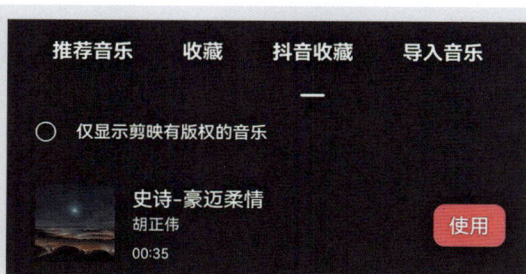

图 2-72

点击"导入音乐"选项，可以通过"链接下载""提取音乐""本地音乐"3 种方式导入需要的音乐，如图 2-73 所示。

图 2-73

2. 添加节拍

通过给背景音乐添加节拍，可以使视频的节奏感变强。添加节拍主要有手动踩点和自动踩点两种方式。

手动踩点：选中需要的音频，点击底部工具栏中的"节拍"按钮，弹出"节拍"选项，如图 2-74 所示。移动白色显示滑杆到需要添加节奏点的位置，点击"添加点"按钮，在音频下方生成一个黄色的标记点，如图 2-75 所示，使用相同的方法可以为音频添加多个节奏点。如果不需要某个节奏点，移动白色显示滑杆到相应的位置，点击"删除点"按钮，即可删除节奏点，如图 2-76 所示。设置完成后，点击"√"按钮，确认操作。

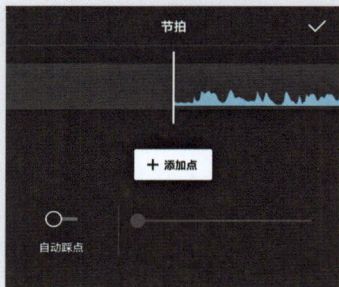

图 2-74

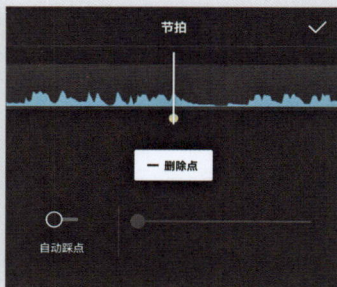

图 2-75

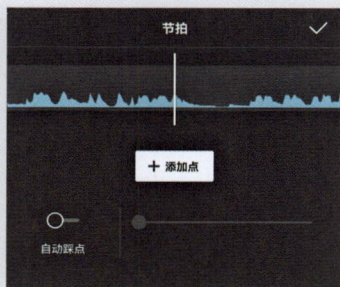

图 2-76

自动踩点：在"节拍"选项中，开启"自动踩点"，在音频下方生成多个黄色的标记点，默认节奏点如图 2-77 所示。可以根据需要滑动圆形滑块来调整节奏点的快慢，如图 2-78 所示。设置完成后，点击"√"按钮，确认操作。

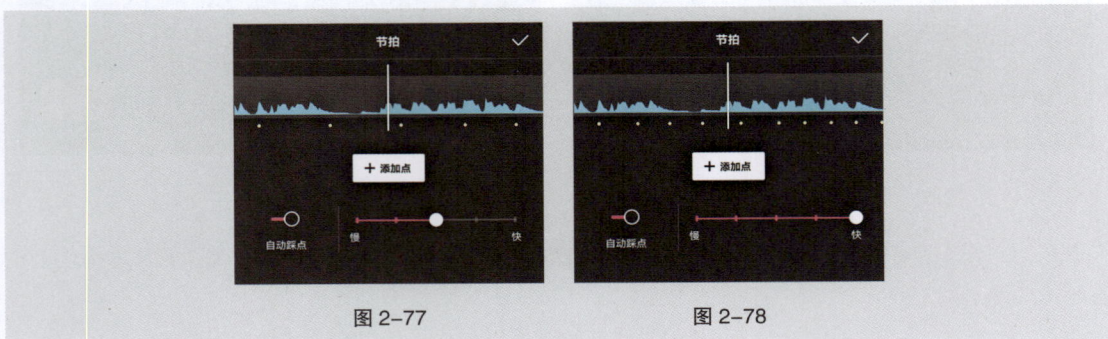

图 2-77   图 2-78

3. 淡化音频

如果选择的背景音乐没有前奏和尾声，听起来会过于突兀，因此需要为其添加淡化效果，使听感更加流畅、自然。

选中需要的音频，如图 2-79 所示。点击底部工具栏中的"淡入淡出"按钮，在弹出的选项中可以设置淡入和淡出的时长，如图 2-80 和图 2-81 所示。设置完成后，音频会自动播放，点击"√"按钮，确认操作。

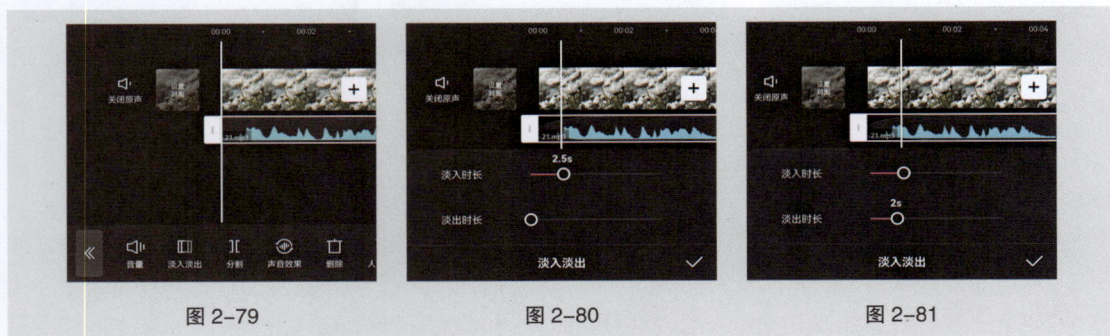

图 2-79   图 2-80   图 2-81

2.4 创建标题文字

短视频的标题在视频推广和传播过程中扮演着至关重要的角色。一个精心设计的标题不仅能吸引观众的注意力，还能提升短视频的点击率和曝光率。

1. 新建文字

在导入素材后，点击底部工具栏中的"文本"按钮，显示相应的按钮，如图 2-82 所示。点击"新建文本"按钮，在预览窗口中生成文本框，输入需要的文字后隐藏文字输入键盘，如图 2-83 所示。

可根据需要对创建的文字进行美化，在"字体"选项中可以设置文字的字体，如图 2-84 所示。在"样式"选项中可以设置文字的描边、发光、背景、阴影、弯曲、排列和粗斜体等，如图 2-85 所示。在"花字"选项中可以制作立体文字、渐变文字、发光文字等，如图 2-86 所示。点击"√"按钮，确认操作，文字的静态效果制作完成。

图 2-82　　　　　　　　　　图 2-83

图 2-84　　　　　　　　图 2-85　　　　　　　　图 2-86

2．文字模板

点击"文字模板"选项，可以在多个分类中选择合适的模板进行预览，如图 2-87 所示。可删除不需要的文字，并调整文字的大小和位置，达到更好的视觉效果，如图 2-88 所示。点击"√"按钮，确认操作，文字的动态效果制作完成。

图 2-87　　　　　　　　　　　　图 2-88

3．文字动画

点击"动画"选项，可以为文字添加动画效果。文字动画按照应用在素材中的时间分为"入场"动画、"出场"动画和"循环"动画。其中"入场"动画和"出场"动画可以使文字的出现和消失更加自然，而"循环"动画通常需要文字在画面中长时间停留时使用。

选择一种"入场"动画后，会出现一个蓝绿色滑块，拖曳滑块可以控制动画时长，如图 2-89 所示。选择一种"出场"动画后，会出现一个玫红色滑块，进行拖曳可以调节动画时长，如图 2-90 所示。选择一种"循环"动画后，可以通过拖曳滑块调节动画的速度，如图 2-91 所示。

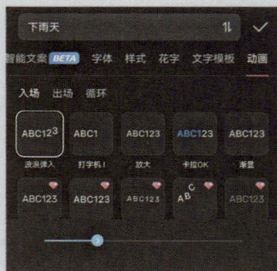

图 2-89　　　　　　　　图 2-90　　　　　　　　图 2-91

4．文字跟踪

使用剪映 App 的跟踪功能可以使文字或贴纸跟踪画面中某个运动的物体。

导入需要的素材并输入文字，选中文字，在底部工具栏中向左滑动以显示更多按钮，如图 2-92 所示。点击"跟踪"按钮，预览窗口会出现一个黄色圆圈，如图 2-93 所示。将黄色圆圈放置在需要跟踪的物体上，并将文字放置在合适的位置，如图 2-94 所示。

图 2-92	图 2-93	图 2-94

点击"开始跟踪"按钮，进行文字跟踪，效果如图 2-95 所示。

图 2-95

2.5　导出短视频

在对短视频剪辑完成后需要导出短视频，在此之前需要进行相关的设置。

1. 导出选项

点击界面上方的"1080P"，弹出导出选项设置界面，如图 2-96 所示，在该界面中可以设置视频导出的参数。

分辨率：可以从"480p""720p""1080p""2K/4K"4 个选项中选择需要导出视频的分辨率。一般来说，导出视频的分辨率应和导入视频素材的分辨率保持一致。

帧率：帧率应基于视频内容、预期用途和目标观众等因素进行选择。一般情况下，24 帧或 25 帧通常可以满足大多数视频的需求，而 30 帧适合用于较为平滑的动画或视频。对于需要捕捉高速运动的场景，如体育赛事或动作片，60 帧可能是更好的选择，因为它能更好地展现快速运动。

码率：选择"较低"选项，则导出的视频文件较小，但清晰度不高；选择"较高"选项，则导出的视频文件较大，清晰度较高；如无特殊要求，选择默认的"推荐"选项即可。

智能 HDR：开启智能 HDR 后可以更好地保留高光和暗部的细节，以及平衡光线和色彩，从而达到更自然的视觉效果，创作者可以根据自己的需要选择是否开启。

2. 导出格式

除了导出视频外，剪映 App 还可以导出 GIF 格式的文件，如图 2-97 所示。导出的 GIF 文件默认的分辨率为 240P，如果需要导出更高分辨率的文件，需要开通剪映 App 的 VIP。

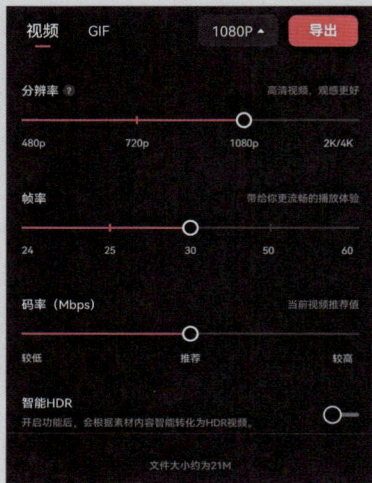

图 2-96

图 2-97

任务扩展——制作《魅力平遥》短视频

进行前期的风景视频的拍摄，在剪映 App 中创建并导入视频，添加音频和节拍并为其制作淡入效果，对视频素材进行剪辑并添加滤镜和调色，添加标题文字，导出并查看短视频。最终效果参看学习资源中的"项目 2\ 效果 \ 魅力平遥 .mp4"，如图 2-98 所示。

图 2-98

03

项目 3
文化纪录短视频

文化纪录短视频是指以记录和展示中国传统文化、非物质文化遗产、历史遗迹等内容为主的短视频。本项目将详细讲解文化纪录短视频的剪辑思路和制作技巧。在制作文化纪录短视频时，需要展现故事性和强化视觉效果，因此，通常采用较为专业的拍摄手法和叙述方式，根据文化主题和故事线索，选择合适的素材进行剪辑。

慕课视频

项目3 文化
纪录短视频

学习目标

知识目标	能力目标	素质目标
1. 熟练掌握调整视频画面的技巧。 2. 掌握变速视频的制作方法。 3. 掌握复制与倒放视频的方法。 4. 掌握定格与替换视频的方法	1. 掌握《古都风情》短视频的制作方法。 2. 掌握《繁华大栅栏》短视频的制作方法	1. 培养出色的视觉审美。 2. 培养良好的手眼协调能力。 3. 培养具有独到见解的创造性思维

任务 | 制作文化纪录短视频

任务实践——制作《古都风情》短视频

【任务目标】

文化纪录短视频已经成为一种新兴的文化传播方式，受到广泛的关注和好评。本任务通过制作《古都风情》短视频，详细讲解文化纪录短视频的制作方法，使读者能够通过新媒体传承和弘扬中国传统文化。

【任务要点】

进行前期的风景视频的拍摄，在剪映 App 中创建并导入视频，添加音频和节拍，对视频素材进行剪辑并制作变速和倒放效果，添加标题文字，剪辑音频并添加淡入淡出效果，导出并查看短视频。最终效果参看学习资源中的"项目 3\ 效果\ 古都风情 .mp4"，如图 3-1 所示。

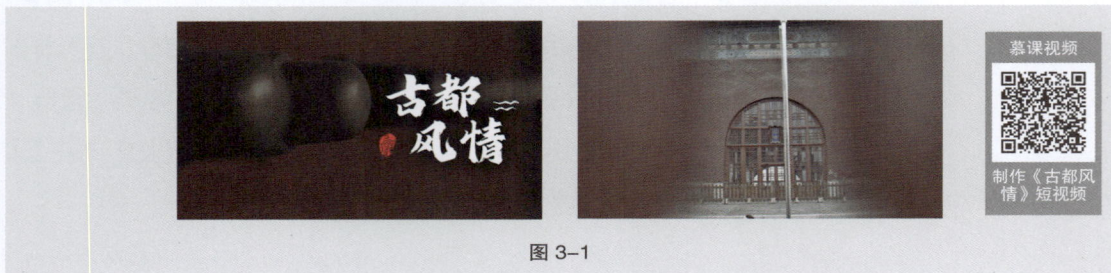

图 3-1

【任务制作】

1. 创建并导入素材

（1）点击手机界面中的"剪映"图标，进入主界面，如图 3-2 所示。点击"开始创作"按钮，进入"照片视频"导入界面。

（2）选择需要的 8 个视频素材，如图 3-3 所示，点击"添加"按钮，进入素材压缩界面，素材压缩完成后，进入视频制作界面，如图 3-4 所示。

2. 添加音频和节拍

（1）在底部工具栏中点击"音频"按钮，弹出相应的按钮，如图 3-5 所示。点击"音乐"按钮，进入"音乐"界面，如图 3-6 所示。

图 3-2 　　　　　　　　图 3-3 　　　　　　　　图 3-4

（2）在搜索框中输入"史诗"，点击"搜索"按钮，可搜索出相关的多个音频。点击相应的音频，可以试听音乐，如图 3-7 所示。

34

图 3-5   图 3-6   图 3-7

（3）点击音频右侧的"使用"按钮，添加选取的音频，如图 3-8 所示。在底部工具栏中向左滑动显示更多按钮，如图 3-9 所示，点击"节拍"按钮，弹出"节拍"选项。开启"自动踩点"，默认节奏点如图 3-10 所示。

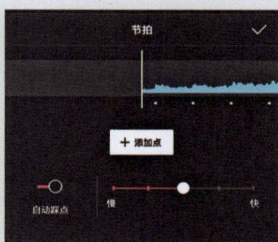

图 3-8   图 3-9   图 3-10

（4）调整节奏点的速度，如图 3-11 所示，点击"√"按钮，确认操作。可以试听音频，试听结束后，返回素材起始位置，点击左侧的"关闭原声"按钮，关闭原声，如图 3-12 所示。

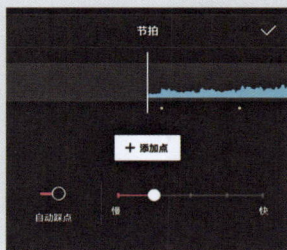

图 3-11   图 3-12

3. 剪辑素材并制作变速和倒放效果

（1）移动白色显示滑杆到第3个节奏点处，选择视频素材，点击底部工具栏中的"分割"按钮，将视频素材进行分割，如图3-13所示。选择分割后右侧的视频素材，点击"删除"按钮，删除视频素材，如图3-14所示。

（2）移动白色显示滑杆到第5个节奏点处，选择视频素材，点击底部工具栏中的"分割"按钮，将视频素材进行分割，如图3-15所示。

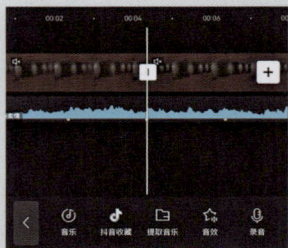 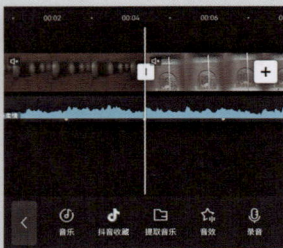 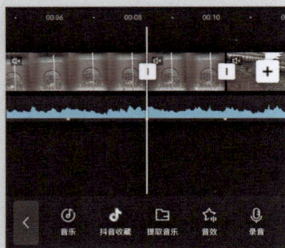

图3-13　　　　　　　　　　图3-14　　　　　　　　　　图3-15

（3）选择分割后右侧的素材，点击"删除"按钮，删除视频素材，如图3-16所示。移动白色显示滑杆到00:11秒处，选择视频素材并进行分割，如图3-17所示。选择分割后左侧的视频素材，点击"删除"按钮，删除视频素材，如图3-18所示。

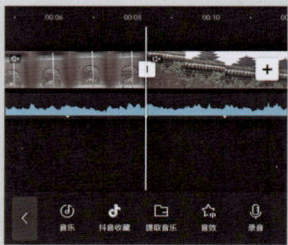 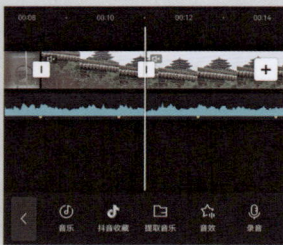 

图3-16　　　　　　　　　　图3-17　　　　　　　　　　图3-18

（4）移动白色显示滑杆到图3-19所示的位置，选择视频素材并进行分割。选择分割后右侧的视频素材，点击"删除"按钮，删除视频素材。选中需要的视频素材，如图3-20所示。点击底部工具栏中的"变速"按钮，弹出相应的按钮，如图3-21所示。

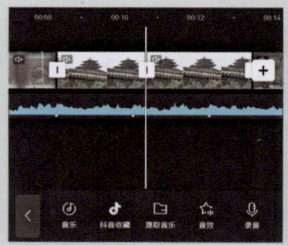 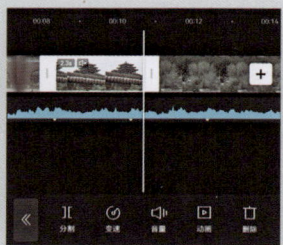 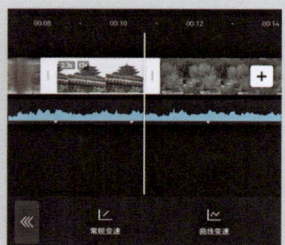

图3-19　　　　　　　　　　图3-20　　　　　　　　　　图3-21

（5）点击"常规变速"按钮，进入常规调整界面，向左滑动图形滑块到0.7x，如图3-22所示。点击"√"按钮，确认操作。

（6）移动白色显示滑杆到 00:14 秒处，选择视频素材并进行分割，如图 3-23 所示。选择分割后左侧的视频素材，点击"删除"按钮，删除视频素材，如图 3-24 所示。

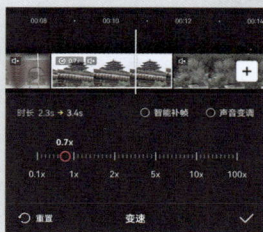 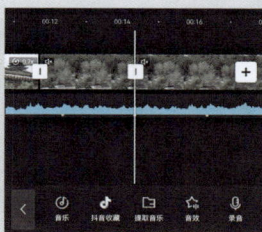 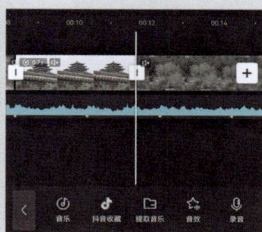

图 3-22　　　　　　　　　　图 3-23　　　　　　　　　　图 3-24

（7）移动白色显示滑杆到 00:13 秒处，选择视频素材并进行分割，如图 3-25 所示。选择分割后右侧的视频素材，点击"删除"按钮，删除视频素材，如图 3-26 所示。

（8）选中需要的视频素材，点击底部工具栏中的"变速"按钮，弹出相应的按钮，如图 3-27 所示。

 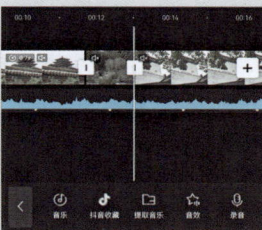 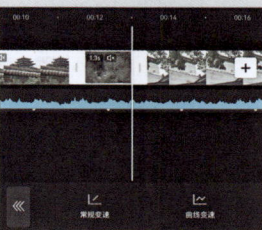

图 3-25　　　　　　　　　　图 3-26　　　　　　　　　　图 3-27

（9）点击"常规变速"按钮，进入常规调整界面，向左滑动圆形滑块到 0.5x，如图 3-28 所示。点击"√"按钮，确认操作。

（10）移动白色显示滑杆到 00:15 秒处，选择视频素材并进行分割，如图 3-29 所示。选择分割后左侧的视频素材，点击"删除"按钮，删除视频素材。移动白色显示滑杆到 00:16 秒处，选择视频素材并进行分割，选择分割后右侧的视频素材，点击"删除"按钮，删除视频素材，效果如图 3-30 所示。

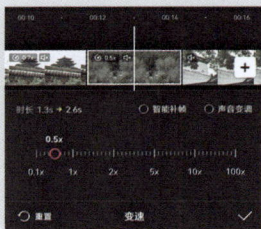  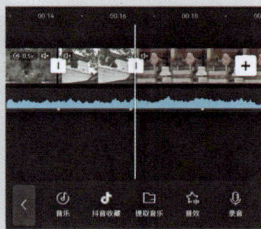

图 3-28　　　　　　　　　　图 3-29　　　　　　　　　　图 3-30

（11）选中需要的视频素材，如图 3-31 所示。点击底部工具栏中的"变速"按钮，弹出相应的按钮，如图 3-32 所示。点击"常规变速"按钮，进入常规调整界面，向左滑动圆形滑块到 0.6x，如图 3-33 所示。点击"√"按钮，确认操作。

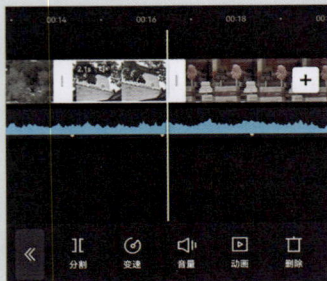

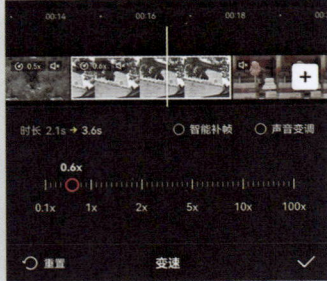

图 3-31　　　　　　　　　　图 3-32　　　　　　　　　　图 3-33

（12）选中需要的视频素材，在底部工具栏中向左滑动显示更多按钮，如图 3-34 所示。点击"倒放"按钮，倒放视频素材，如图 3-35 所示。移动白色显示滑杆到 00:19 秒处，选择视频素材并进行分割，如图 3-36 所示。

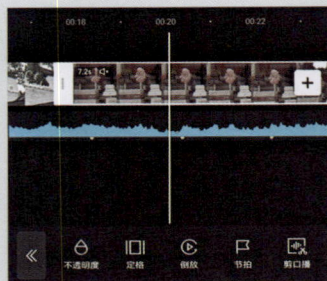
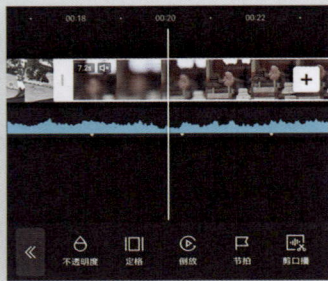
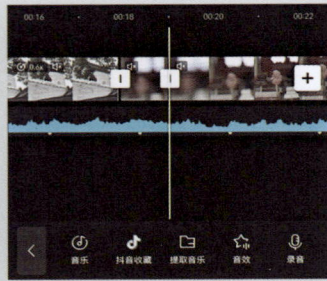

图 3-34　　　　　　　　　　图 3-35　　　　　　　　　　图 3-36

（13）选择分割后左侧的视频素材，点击"删除"按钮，删除视频素材，如图 3-37 所示。

（14）移动白色显示滑杆到 00:19 秒处，选择视频素材并进行分割，如图 3-38 所示。选择分割后右侧的视频素材，点击"删除"按钮，删除视频素材，如图 3-39 所示。

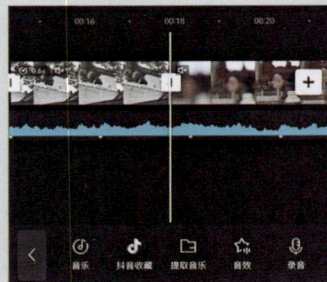
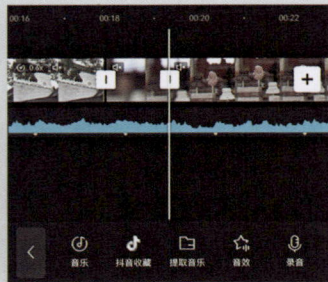
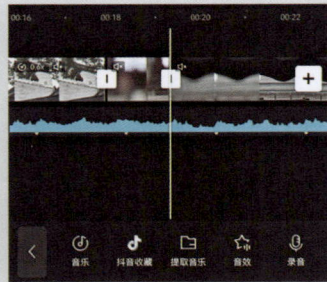

图 3-37　　　　　　　　　　图 3-38　　　　　　　　　　图 3-39

（15）选中需要的视频素材，如图 3-40 所示。点击底部工具栏中的"变速"按钮，弹出相应的按钮，如图 3-41 所示。点击"常规变速"按钮，进入常规调整界面，向左滑动圆形滑块到 0.7x，如图 3-42 所示。点击"√"按钮，确认操作。

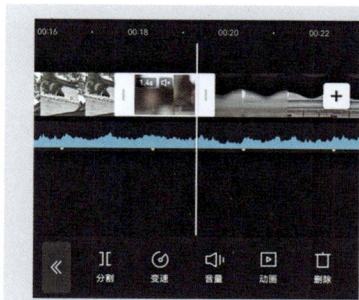 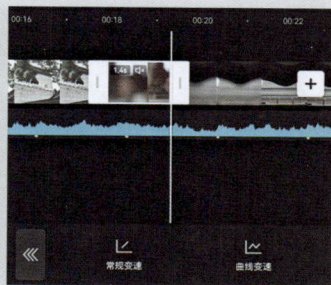 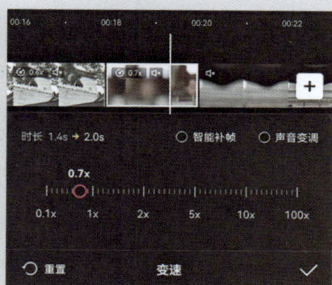

图 3-40   图 3-41   图 3-42

（16）选中需要的视频素材，在底部工具栏中向左滑动显示更多按钮，如图 3-43 所示。点击"倒放"按钮，倒放视频素材，如图 3-44 所示。移动白色显示滑杆到 00:21 秒处，选择视频素材并进行分割，如图 3-45 所示。

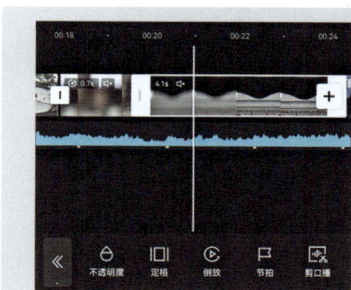 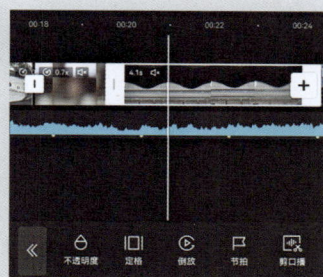 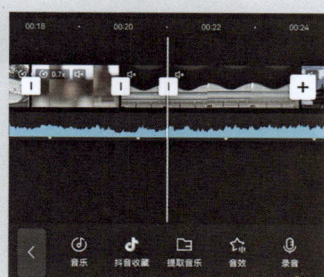

图 3-43   图 3-44   图 3-45

（17）选择分割后左侧的视频素材，点击"删除"按钮，删除视频素材，如图 3-46 所示。

（18）选中需要的视频素材，如图 3-47 所示。点击底部工具栏中的"变速"按钮，弹出相应的按钮，点击"常规变速"按钮，进入常规调整界面，向左滑动圆形滑块到 0.9x，如图 3-48 所示。点击"√"按钮，确认操作。

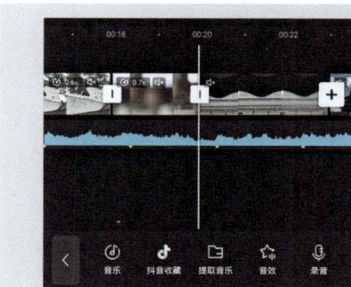 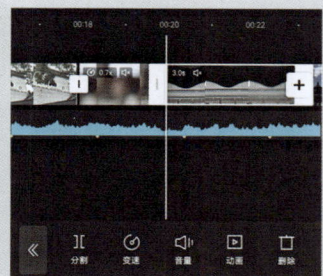 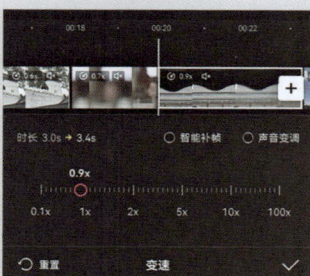

图 3-46   图 3-47   图 3-48

（19）移动白色显示滑杆到 00:26 秒处，选择视频素材并进行分割，如图 3-49 所示。选择分割后左侧的视频素材，点击"删除"按钮，删除视频素材，如图 3-50 所示。移动白色显示滑杆到 00:26 秒处，选择视频素材并进行分割，如图 3-51 所示。

图 3-49   图 3-50   图 3-51

（20）选择分割后右侧的视频素材，点击"删除"按钮，删除视频素材，如图 3-52 所示。选择需要的视频素材，在预览窗口中放大图像并调整图像位置，如图 3-53 所示。

（21）点击底部工具栏中的"动画"按钮，弹出"动画"选项。在"出场动画"选项中，选择"渐隐"动画，设置动画时长为 0.5s，如图 3-54 所示，点击"√"按钮，确认操作。

图 3-52   图 3-53   图 3-54

4. 添加标题文字

（1）返回素材起始位置。点击底部工具栏左侧的三角按钮，显示出需要的按钮，如图 3-55 所示。点击"文字"按钮，显示相应的按钮，如图 3-56 所示。点击"文字模板"按钮，弹出模板，如图 3-57 所示。

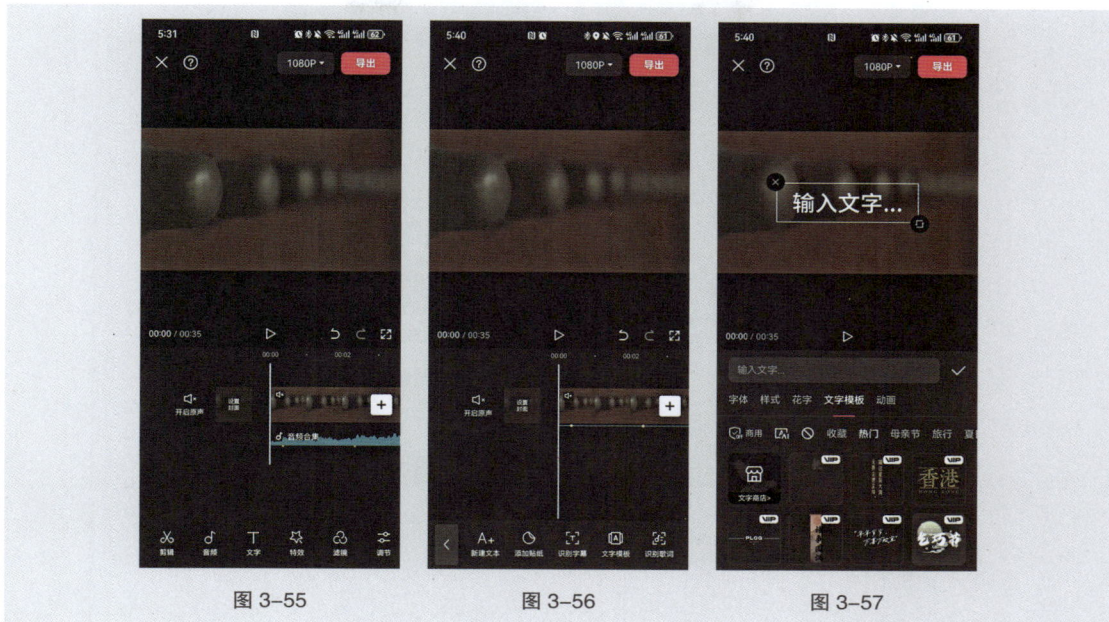

图 3-55　　　　　　　　图 3-56　　　　　　　　图 3-57

（2）在"手写字"模板中选择需要的模板，效果如图 3-58 所示。在预览窗口中分别选择文字并进行修改，如图 3-59 所示。在预览窗口中缩放文字并调整文字的位置，如图 3-60 所示。

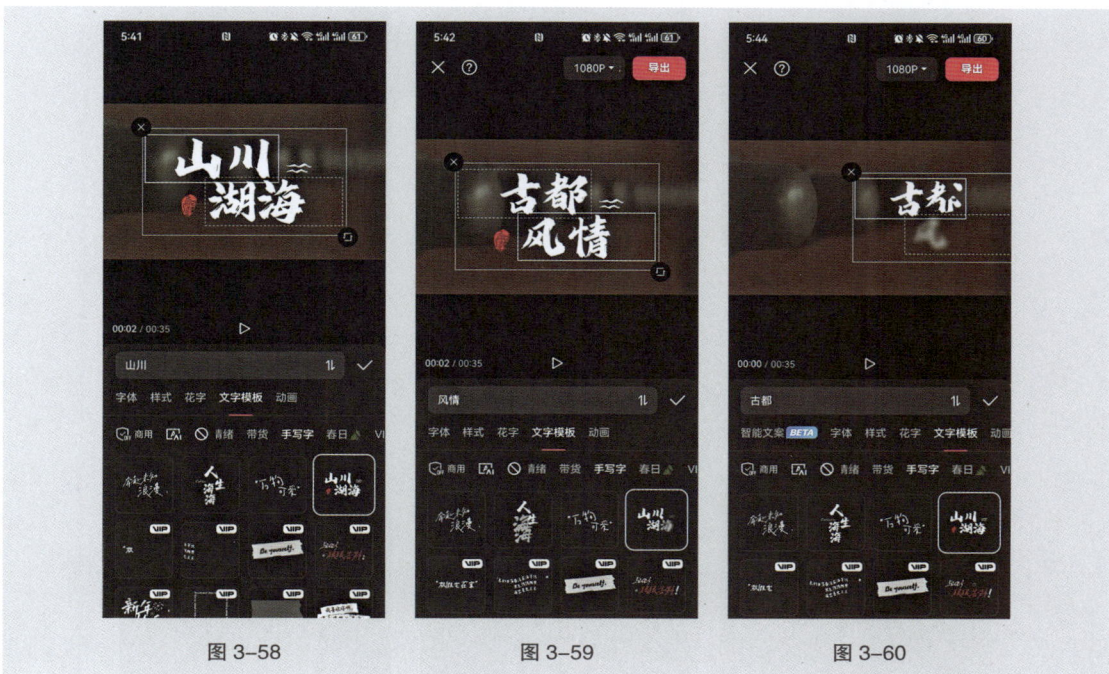

图 3-58　　　　　　　　图 3-59　　　　　　　　图 3-60

（3）点击"√"按钮，确认操作。生成的文字如图 3-61 所示。在时间轴区域中向右拖曳文字右侧的边界框以调整时长，如图 3-62 所示。

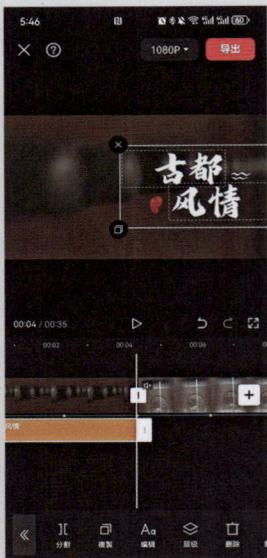

图 3-61　　　　　　　图 3-62

5. 剪辑并设置音频

（1）连续点击底部工具栏左侧的三角按钮，显示相应的按钮。移动白色显示滑杆到 00:26 秒处，如图 3-63 所示。选择音频素材并进行分割。选择分割后右侧的音频素材，如图 3-64 所示，点击"删除"按钮，删除音频素材，如图 3-65 所示。

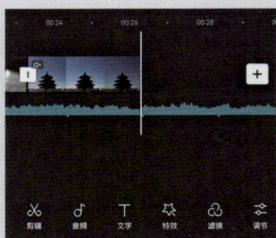

图 3-63　　　　　　　图 3-64　　　　　　　图 3-65

（2）选中音频素材，如图 3-66 所示。点击"淡入淡出"按钮，弹出"淡入淡出"选项，调整"淡入时长"选项，如图 3-67 所示。调整"淡出时长"选项，如图 3-68 所示。点击"√"按钮，确认操作。

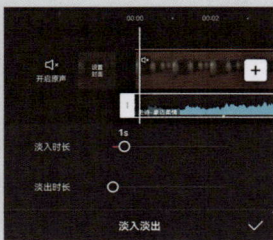

图 3-66　　　　　　　图 3-67　　　　　　　图 3-68

6. 导出短视频

（1）预览完成后的短视频。点击上方的"1080P"，弹出导出选项设置界面，如图 3-69 所示。

（2）点击"导出"按钮，进入导出界面，如图 3-70 所示。导出完成后，点击"完成"按钮，如图 3-71 所示。可在图库 App 中回看短视频。

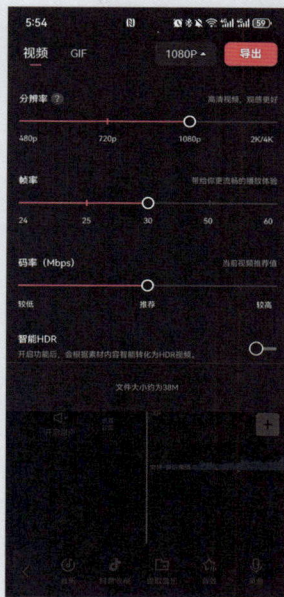
图 3-69

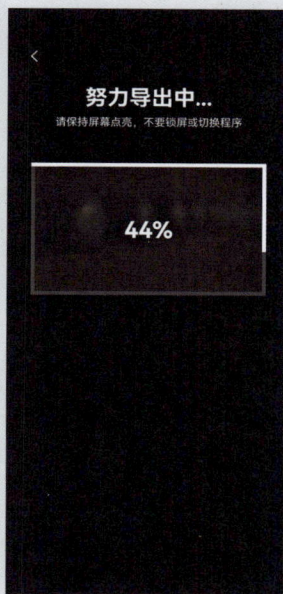
图 3-70

图 3-71

任务知识

3.1　调整视频画面

在剪辑视频的过程中，经常需要对拍摄的画面进行修改，比如裁剪掉不需要的部分、旋转到更合适的角度、镜像编辑出更丰富的效果等，使整个画面更加协调。

1. 裁剪视频画面

手动裁剪：选中需要的素材，如图 3-72 所示。在预览窗口中，分开双指可以放大画面，溢出红框的部分将不会显示，如图 3-73 所示；捏合双指可以缩小画面，空出的部分会被黑色背景填充，如图 3-74 所示。

使用"调整大小"工具：选中需要的素材，在底部工具栏中向左滑动显示更多按钮，如图 3-75 所示。点击"编辑"按钮，弹出相应按钮，如图 3-76 所示。点击"调整大小"按钮，弹出"调整大小"界面，如图 3-77 所示。

可以选择不同的裁剪比例，如图 3-78 所示；也可以拖曳四周的裁剪框进行裁剪，如图 3-79 所示；还可以拖曳旋转选项的滑块，将画面旋转到需要的角度，如图 3-80 所示。如果不满意裁剪效果，可点击界面左下角的"重置"按钮，重新裁剪。

图 3-72   图 3-73   图 3-74

图 3-75   图 3-76   图 3-77

图 3-78   图 3-79   图 3-80

2. 旋转视频画面

手动旋转：选中需要的素材，在预览窗口中通过双指旋转画面，双指的旋转方向决定了画面的旋转方向，如图 3-81 所示。在旋转画面时，预览区域上方会显示旋转的度数，在转动到 90°、180°、270° 和 360° 的时候，手机会有振动提示。

使用"旋转"工具：选中需要的素材，点击"编辑"按钮，弹出相应按钮。点击"旋转"按钮，画面会顺时针旋转 90°，如图 3-82 所示。重复点击此按钮，旋转角度会在 90°、180°、270° 和 0° 之间切换。与手动旋转不同，使用"旋转"工具旋转画面时不会改变画面的大小。

图 3-81　　　　　　　　图 3-82

3. 镜像视频画面

选中需要的素材，点击"编辑"按钮，弹出相应按钮，如图 3-83 所示。点击"镜像"按钮，即可镜像视频画面，如图 3-84 所示。

图 3-83　　　　　　　　图 3-84

3.2 变速视频

变速功能是剪映 App 的核心特色之一。该功能允许用户根据自己的需要，对视频的播放速度进行调整，无论是加速还是减速，都能通过简单的操作实现。变速功能不局限于常规的倍速调整，还包括更为复杂的曲线变速和智能的变速卡点，使得视频编辑更加灵活、多变，能够更好地满足各种创意需求。

选中需要的素材，如图 3-85 所示。点击底部工具栏中的"变速"按钮，弹出相应按钮，如图 3-86 所示。

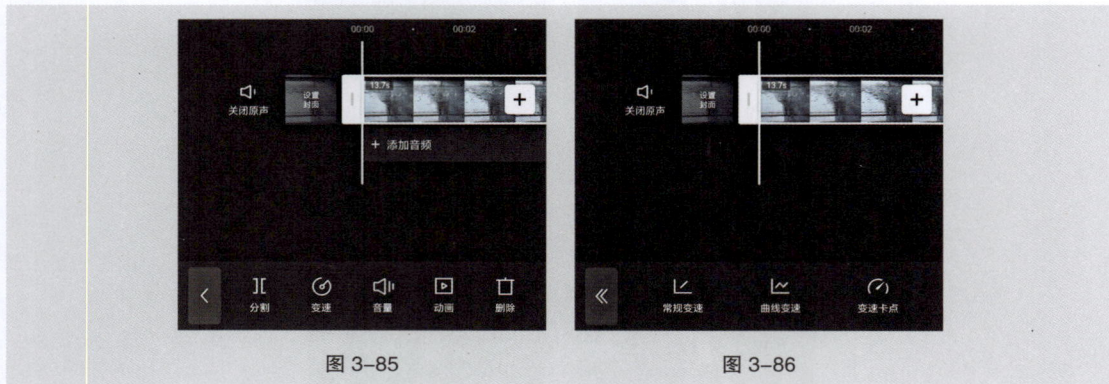

图 3-85

图 3-86

1. 常规变速

常规变速是指对所选视频进行统一的变速。点击"常规变速"按钮，进入常规调整界面，默认视频播放速度为 1x，如图 3-87 所示。

向左拖动圆形滑块为减速，如图 3-88 所示，这时"智能补帧"选项开启，勾选该选项后剪映 App 会对素材效果进行优化，避免播放素材时画面卡顿，一般不建议将速度调整到 0.5x 以下。向右拖动圆形滑块为加速，如图 3-89 所示。在调整视频播放速度的过程中，界面左上角会显示视频变速前和变速后时长的变化。设置完成后，点击"√"按钮，确认操作。

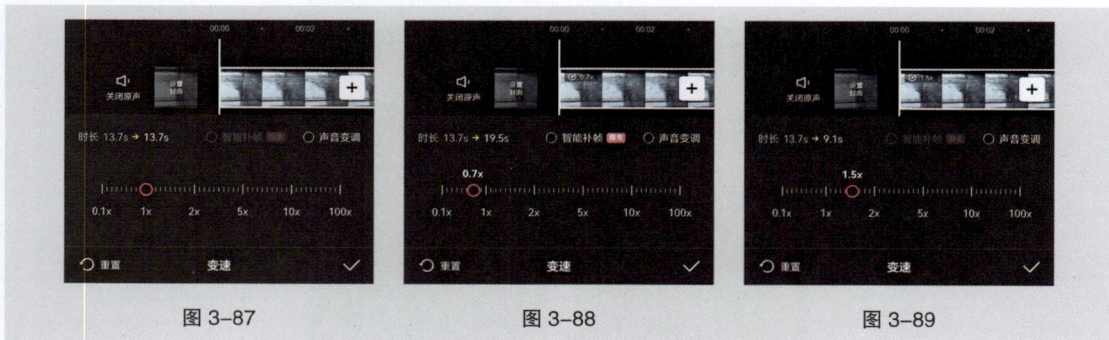

图 3-87

图 3-88

图 3-89

2. 曲线变速

曲线变速可以有针对性地对同一段视频的不同部分进行加速或减速处理，并且能够控制每一段加速和减速的幅度。点击"曲线变速"按钮，进入曲线变速界面，如图 3-90 所示。

其中"原始"选项表示素材的原始播放速度；"自定"选项表示自定义变速的位置，如图 3-91 所示。

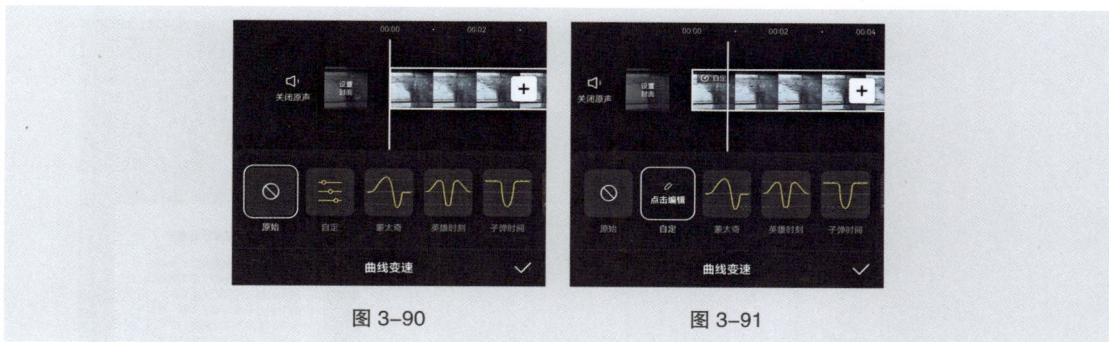

图 3-90   图 3-91

再次点击该选项，进入调整参数界面，如图 3-92 所示。用户可以分别调整圆形锚点的位置，同时预览区将自动展示变速效果，界面左上角会显示视频变速前和变速后时长的变化，如图 3-93 所示。还可以根据需要添加或删除圆形锚点，如图 3-94 所示。

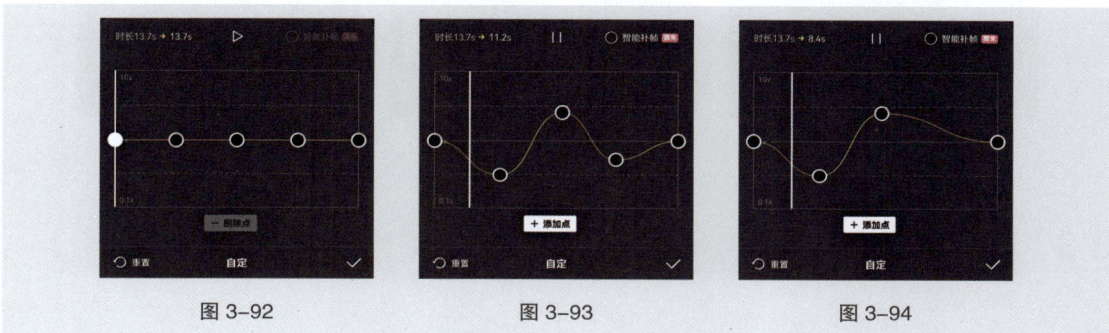

图 3-92   图 3-93   图 3-94

另外，"蒙太奇""英雄时刻""子弹时间""跳接""闪进""闪出"是曲线变速自带的选项，当首次点击任意一个选项之后，预览区将自动展示变速效果，如图 3-95 所示，再次点击该选项，进入曲线编辑面板，可以看到该选项下的变速状态，如图 3-96 所示。用户同样可以对曲线上的任意圆形锚点进行调整，如图 3-97 所示。设置完成后，点击"√"按钮，确认操作。

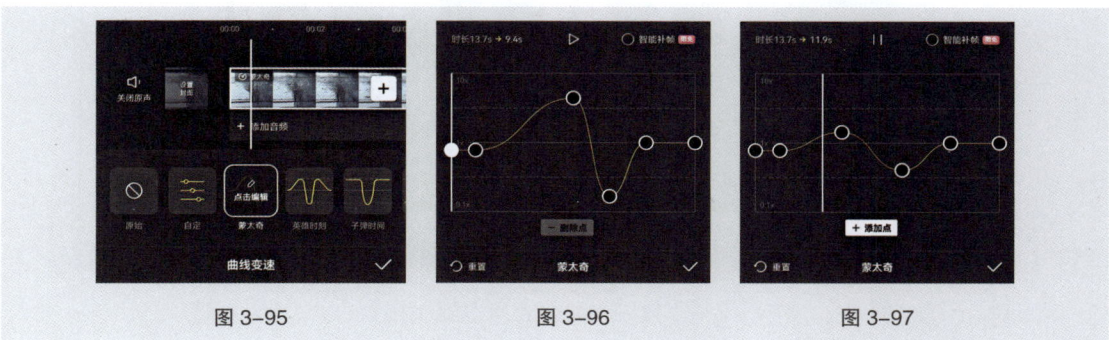

图 3-95   图 3-96   图 3-97

3. 变速卡点

使用"变速卡点"工具的前提是必须为视频素材搭配好经过卡点的背景音乐，如图 3-98 所示。点击"变速卡点"按钮，进入变速卡点界面，如图 3-99 所示。选择"闪光"选项，弹出提示框，如图 3-100 所示，点击"确认"按钮，将自动根据卡点生成变速，并为视频画面添加闪光效果。

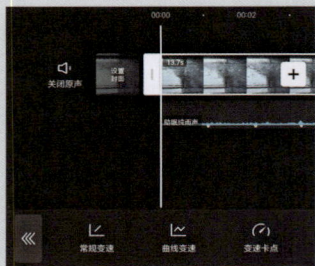
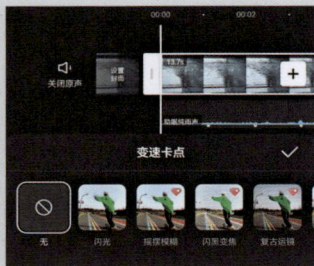
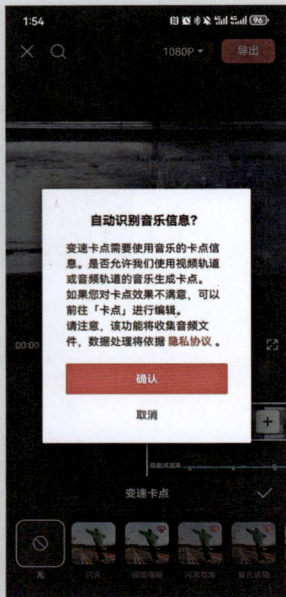

<table>
<tr><td>图 3-98</td><td>图 3-99</td><td>图 3-100</td></tr>
</table>

3.3 复制与倒放视频

1. 复制视频

如果在视频剪辑过程中需要多次使用同一个素材，使用"复制"功能可以有效地节省工作时间。

选中需要的素材，在底部工具栏中向左滑动显示更多按钮，如图 3-101 所示。点击"复制"按钮，即可在时间轴中复制出同样的视频素材，如图 3-102 所示。

<table>
<tr><td>图 3-101</td><td>图 3-102</td></tr>
</table>

剪映 App 的"复制"功能不仅可以复制素材，还可以复制特效、滤镜和贴纸等效果，其方法与复制素材一致，这里不赘述。

2. 倒放视频

剪映 App 的"倒放"功能可以让视频素材从后往前播放，营造出一种时光倒流的效果，为视频创作者提供了无限的创意空间，使得视频制作效果更加丰富。

选中需要的素材，在底部工具栏中向左滑动显示更多按钮，如图 3-103 所示。点击"倒放"按钮，倒放视频素材，如图 3-104 所示。

图 3-103   图 3-104

3.4　定格与替换视频

1. 定格视频

"定格"功能可以将一段视频中的某个画面"凝固"，从而起到突出某个瞬间的效果。

通过预览的方式确定定格的时间点，并将时间轴区域放大，如图 3-105 所示。选中需要的素材，在底部工具栏中向左滑动显示更多按钮，如图 3-106 所示。点击"定格"按钮，轨道中将生成一段时长为 3s 的静帧画面，如图 3-107 所示，同时视频的时长由 14s 变成了 17s。

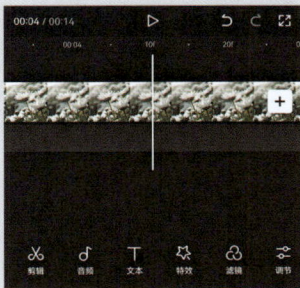 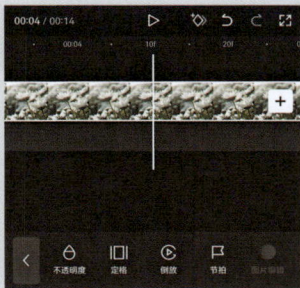 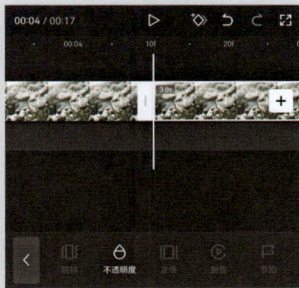

图 3-105   图 3-106   图 3-107

2. 替换视频

在制作短视频时，如果用户对某个部分的画面效果不满意，且直接删除该部分会对整个剪辑项目产生影响，就可以使用"替换"功能更换素材。若需要替换的是视频素材，那么新素材的时长不能小于被替换的素材。

选中需要的素材，在底部工具栏中向左滑动显示更多按钮，如图 3-108 所示。点击"替换"按钮，进入"照片视频"导入界面，选择需要的视频素材并调整视频显示区域，如图 3-109 所示。点击"确认"按钮，即可替换视频，如图 3-110 所示。

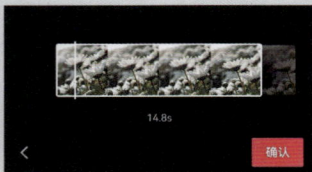

| 图 3-108 | 图 3-109 | 图 3-110 |

3.5 使用防抖和降噪优化视频

在使用手机录制视频时，经常会出现画面晃动的问题。剪映 App 的"防抖"功能可以很好地减小晃动幅度，使画面看起来更加平稳流畅，从而提升视频质量。而"音频降噪"功能可以有效地降低在拍摄时产生的噪声，提升音频质量。如果视频本身几乎没有噪声，则经过降噪可以明显提高人声的音量。

选中需要的素材，在底部工具栏中向左滑动显示更多按钮，如图 3-111 所示。点击"防抖"按钮，进入调整界面，如图 3-112 所示。滑动圆形滑块可以选择需要的防抖效果，如图 3-113 所示。点击"√"按钮，确认操作。

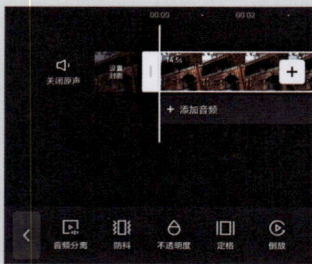
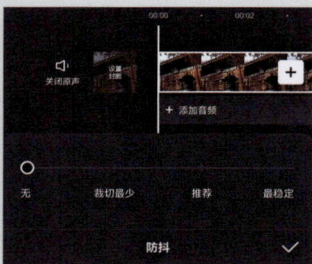
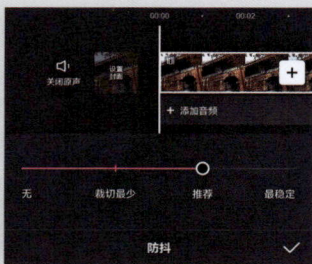

| 图 3-111 | 图 3-112 | 图 3-113 |

选中需要的素材，在底部工具栏中向左滑动显示更多按钮，如图 3-114 所示。点击"音频降噪"按钮，进入调整界面，如图 3-115 所示。开启"降噪开关"，如图 3-116 所示，剪映 App 会自动进行降噪处理，点击"√"按钮，确认操作。

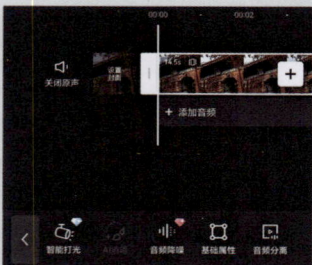
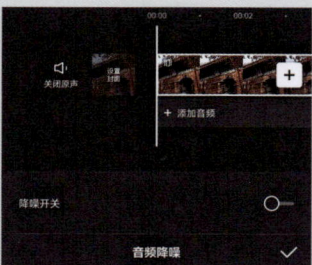

| 图 3-114 | 图 3-115 | 图 3-116 |

任务扩展——制作《繁华大栅栏》短视频

进行前期的风景视频的拍摄，在剪映 App 中创建并导入视频，对视频素材进行剪辑并制作变速效果，添加并剪辑音频，添加标题文字，导出并查看短视频。最终效果参看学习资源中的"项目 3\ 效果 \ 繁华大栅栏 .mp4"，如图 3-117 所示。

图 3-117

项目 4
航拍短视频

　　航拍短视频是一种利用无人机等航空设备进行空中拍摄的短视频，它能够提供独特的视角和广阔的视野，展现出地面难以观察到的景象。本项目将详细讲解航拍短视频的剪辑思路和制作技巧。在制作航拍短视频时，需要明确视频的主题，注意镜头的运动趋势、景别和角度的多样化，并合理设计转场效果，使视频画面之间的过渡自然、流畅。

慕课视频

项目 4
航拍短视频

学习目标

知识目标	能力目标	素质目标
1. 熟练掌握为视频添加转场的方法。 2. 掌握为视频添加滤镜的方法。 3. 掌握为视频调色的方法	1. 掌握《精彩武汉》短视频的制作方法。 2. 掌握《山水霞浦》短视频的制作方法	1. 培养准确观察和分析短视频的能力。 2. 培养对信息加工处理并合理使用的能力。 3. 培养有效解决问题的能力

任务　制作航拍短视频

任务实践——制作《精彩武汉》短视频

【任务目标】

　　航拍短视频因具有独特的视觉冲击力和创新性，受到了广泛的关注和应用。本任务通过制作《精彩武汉》短视频，详细讲解航拍短视频的制作方法，从而有效地传达特定的情感，吸引观众的注意力。

【任务要点】

　　进行前期的风景视频的拍摄，在剪映 App 中创建并导入视频，添加音频并制作踩点，对视频素材进行剪辑并制作变速效果，添加转场和动画效果，为视频素材调色，添加标题文字和音频，剪辑音频并制作淡出效果，导出并查看短视频。最终效果参看学习资源中的"项目 4\ 效果 \ 精彩武汉 .mp4"，如图 4-1 所示。

图 4-1

【任务制作】

1. 创建并导入素材

　　（1）点击手机界面中的"剪映"图标，进入主界面，如图 4-2 所示。点击"开始创作"按钮，进入"照片视频"导入界面。

　　（2）选择需要的 11 个视频素材，如图 4-3 所示，点击"添加"按钮，进入素材压缩界面，素材压缩完成后，进入视频制作界面，如图 4-4 所示。

图 4-2　　　　　　　　　　图 4-3　　　　　　　　　　图 4-4

2. 添加音频和节拍

（1）在底部工具栏中点击"音频"按钮，弹出相应的按钮，如图 4-5 所示。点击"音乐"按钮，进入"音乐"界面，如图 4-6 所示。选择"导入音乐"选项中的"本地音乐"，如图 4-7 所示。

图 4-5　　　　　　　　　　图 4-6　　　　　　　　　　图 4-7

（2）点击相应的音频，可以试听音频，如图 4-8 所示。点击音频右侧的"使用"按钮，添加选取的音频，如图 4-9 所示。

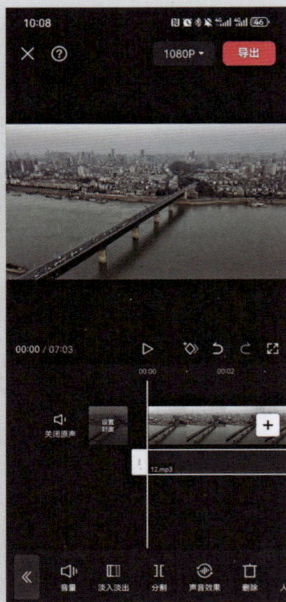

图 4-8　　　　　　　　　　图 4-9

（3）移动白色显示滑杆到 00:14 秒处，选择音频并进行分割，如图 4-10 所示。选择分割后左侧的音频，点击"删除"按钮，删除音频，如图 4-11 所示。选中音频，将其拖曳到视频素材的起始位置，如图 4-12 所示。

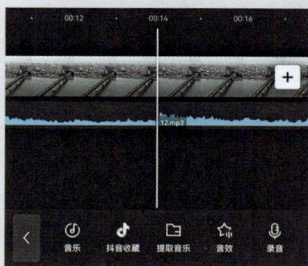

图 4-10 图 4-11 图 4-12

（4）在底部工具栏中向左滑动显示更多按钮，如图 4-13 所示。点击"节拍"按钮，弹出"节拍"选项。开启"自动踩点"，并调整节奏点的速度，如图 4-14 所示。点击"删除点"按钮，删除第 1 个节奏点，如图 4-15 所示。

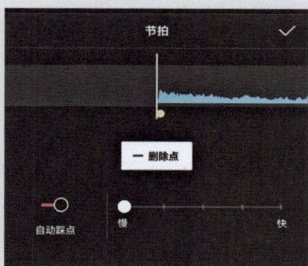
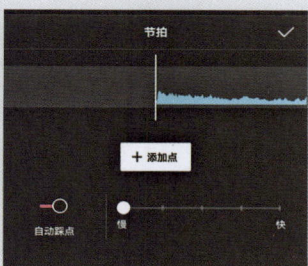

图 4-13 图 4-14 图 4-15

（5）移动白色显示滑杆到第 2 个节奏点的位置，如图 4-16 所示。点击"删除点"按钮，删除第 2 个节奏点，如图 4-17 所示。点击"√"按钮，确认操作。可以试听音频，试听完成后，返回视频素材起始位置。

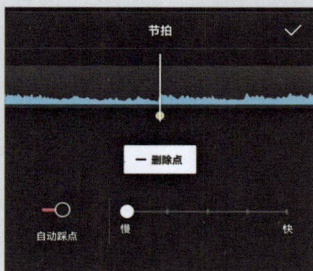
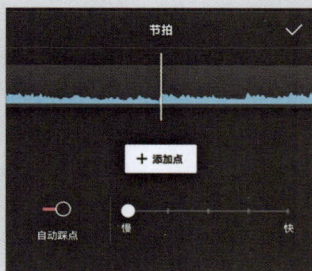

图 4-16 图 4-17

3. 剪辑素材并制作变速效果

（1）移动白色显示滑杆到 00:02 秒处，选择视频素材并进行分割，如图 4-18 所示。选取分割后左侧的视频素材，点击"删除"按钮，删除视频素材，如图 4-19 所示。移动白色显示滑杆到第 1 个节奏点处，选择视频素材，点击底部工具栏中的"分割"按钮，将视频素材进行分割，如图 4-20 所示。

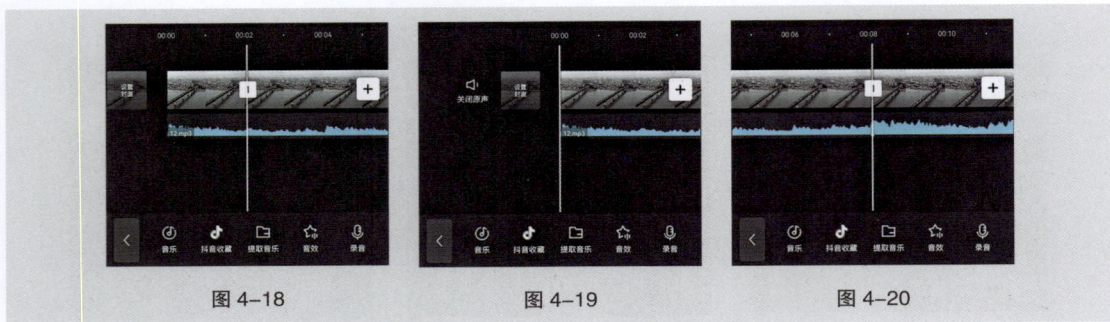

图 4-18　　　　　　　图 4-19　　　　　　　图 4-20

（2）选中分割后右侧的视频素材，点击"删除"按钮，删除视频素材，如图 4-21 所示。移动白色显示滑杆到 00：15 秒处，选择视频素材并进行分割，如图 4-22 所示。选取分割后左侧的视频素材，点击"删除"按钮，删除视频素材，如图 4-23 所示。

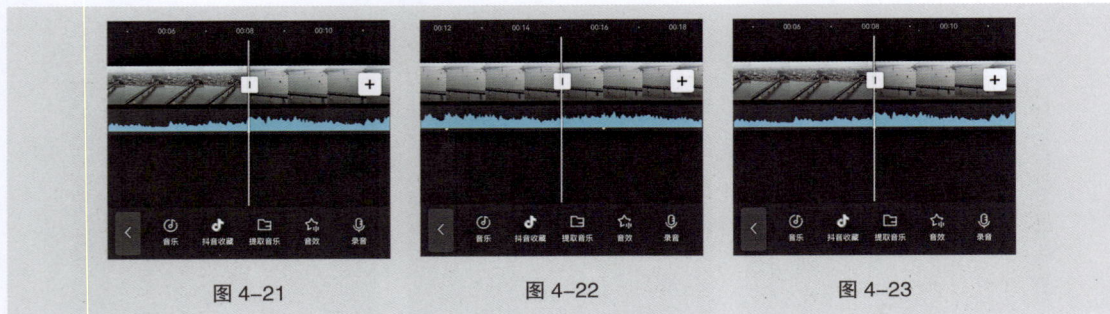

图 4-21　　　　　　　图 4-22　　　　　　　图 4-23

（3）移动白色显示滑杆到第 2 个节奏点处，选择视频素材，点击底部工具栏中的"分割"按钮，将视频素材进行分割，如图 4-24 所示。选中分割后右侧的视频素材，点击"删除"按钮，删除视频素材，如图 4-25 所示。移动白色显示滑杆到 00：26 秒处，选择视频素材并进行分割，如图 4-26 所示。

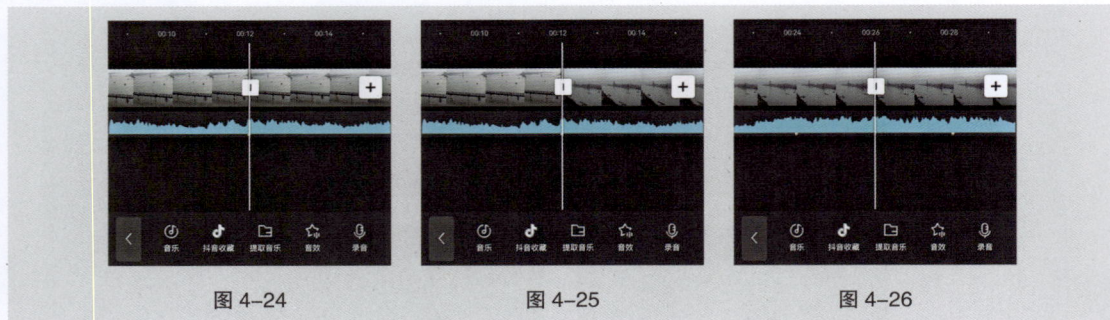

图 4-24　　　　　　　图 4-25　　　　　　　图 4-26

（4）选取分割后左侧的视频素材，点击"删除"按钮，删除视频素材，如图 4-27 所示。移动白色显示滑杆到第 3 个节奏点处，选择视频素材，点击底部工具栏中的"分割"按钮，将视频素材进行分割，如图 4-28 所示。选中分割后右侧的视频素材，点击"删除"按钮，删除视频素材，如图 4-29 所示。

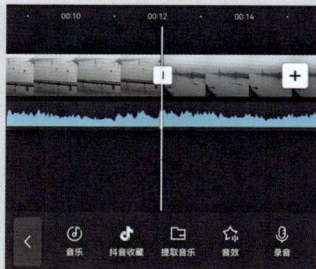

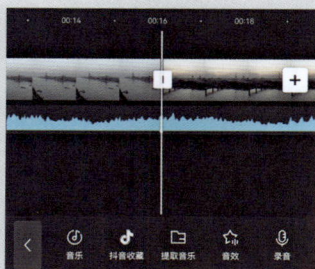

图 4-27　　　　　　　　　　图 4-28　　　　　　　　　　图 4-29

（5）移动白色显示滑杆到 00:24 秒处，选择视频素材并进行分割，如图 4-30 所示。选取分割后左侧的视频素材，点击"删除"按钮，删除视频素材，如图 4-31 所示。移动白色显示滑杆到第 4 个节奏点处，选择视频素材，点击底部工具栏中的"分割"按钮，将视频素材进行分割，如图 4-32 所示。

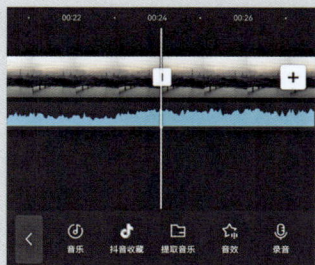

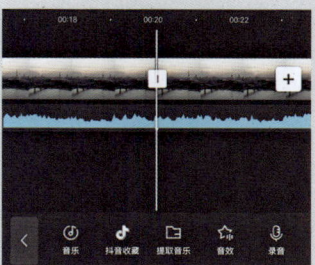

图 4-30　　　　　　　　　　图 4-31　　　　　　　　　　图 4-32

（6）选中分割后右侧的视频素材，点击"删除"按钮，删除视频素材，如图 4-33 所示。移动白色显示滑杆到 00:27 秒处，选择视频素材并进行分割，如图 4-34 所示。选取分割后左侧的视频素材，点击"删除"按钮，删除视频素材，如图 4-35 所示。

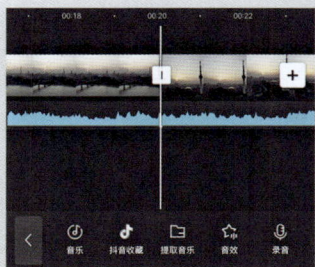

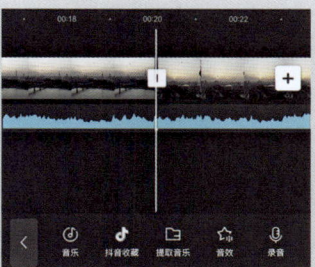

图 4-33　　　　　　　　　　图 4-34　　　　　　　　　　图 4-35

（7）移动白色显示滑杆到第 5 个节奏点处，选择视频素材，点击底部工具栏中的"分割"按钮，将视频素材进行分割，如图 4-36 所示。选中分割后右侧的视频素材，点击"删除"按钮，删除视频素材，如图 4-37 所示。移动白色显示滑杆到 00:33 秒处，选择视频素材并进行分割，如图 4-38 所示。

图 4-36

图 4-37

图 4-38

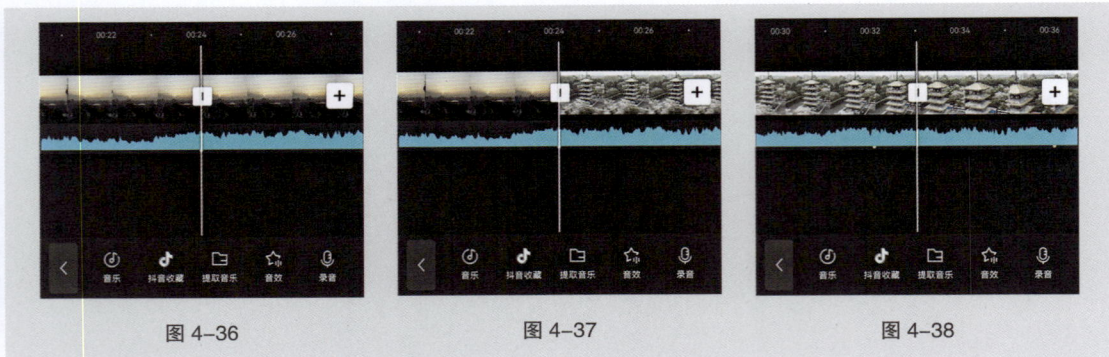

（8）选取分割后左侧的视频素材，点击"删除"按钮，删除视频素材，如图 4-39 所示。移动白色显示滑杆到 00:29 秒处，选择视频素材并进行分割，如图 4-40 所示。选取分割后右侧的视频素材，点击"删除"按钮，删除视频素材，如图 4-41 所示。

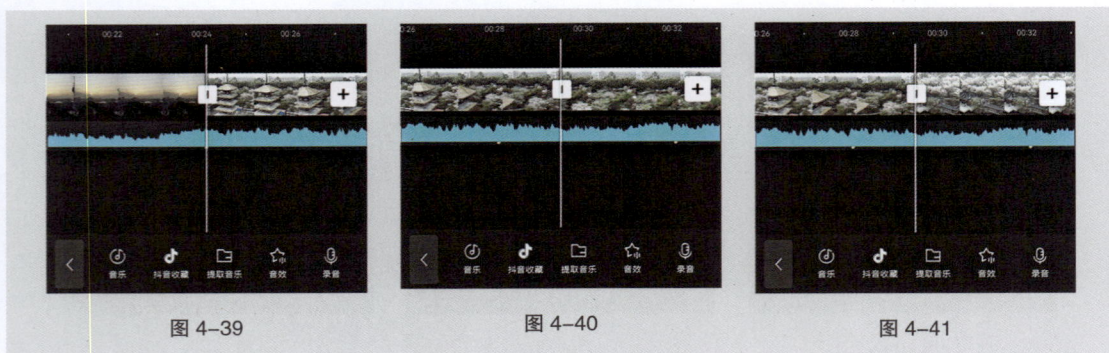

图 4-39

图 4-40

图 4-41

（9）选中需要的视频素材，点击底部工具栏中的"变速"按钮，弹出相应的按钮，如图 4-42 所示。点击"常规变速"按钮，进入常规调整界面，向右滑动圆形滑块到 1.5x，如图 4-43 所示。点击"√"按钮，确认操作。移动白色显示滑杆到 00:39 秒处，选择视频素材并进行分割，如图 4-44 所示。

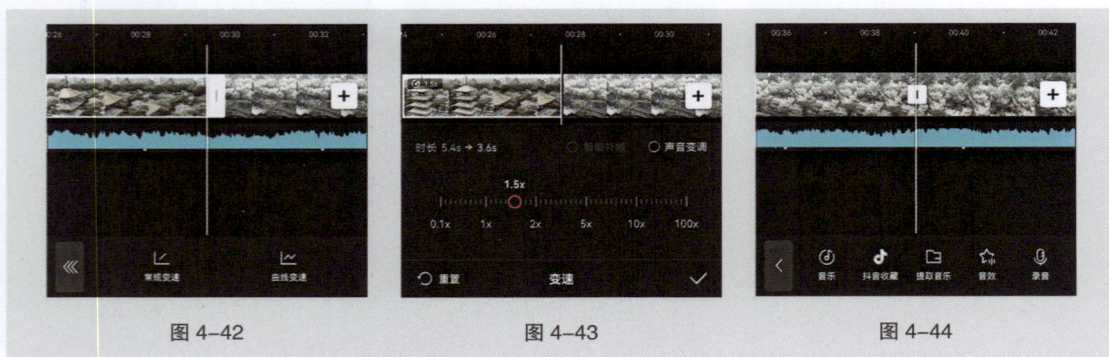

图 4-42

图 4-43

图 4-44

（10）选取分割后左侧的视频素材，点击"删除"按钮，删除视频素材，如图 4-45 所示。移动白色显示滑杆到 00:34 秒处，选择视频素材并进行分割，如图 4-46 所示。选取分割后右侧的视频素材，点击"删除"按钮，删除视频素材，如图 4-47 所示。

剪映短视频剪辑与运营（全彩慕课版）

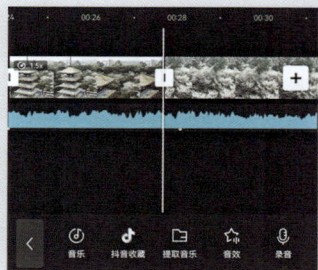
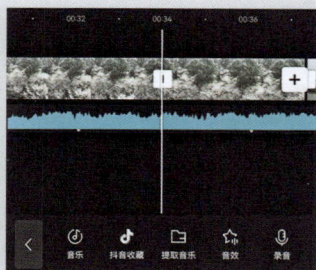
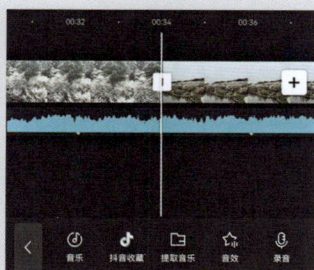

图 4-45	图 4-46	图 4-47

（11）选中需要的视频素材，点击底部工具栏中的"变速"按钮，弹出相应的按钮，如图 4-48 所示。点击"常规变速"按钮，进入常规调整界面，向右滑动圆形滑块到 2.0x，如图 4-49 所示。点击"√"按钮，确认操作。移动白色显示滑杆到 00:52 秒处，选择视频素材并进行分割，如图 4-50 所示。

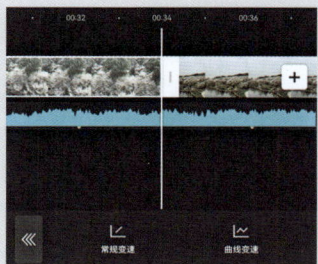
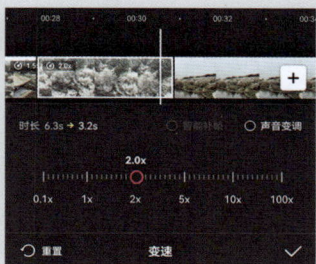
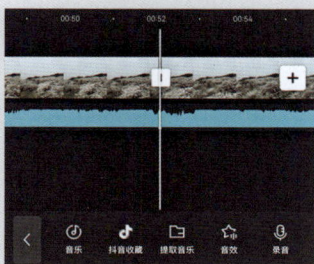

图 4-48	图 4-49	图 4-50

（12）选取分割后左侧的视频素材，点击"删除"按钮，删除视频素材，如图 4-51 所示。移动白色显示滑杆到 00:38 秒处，选择视频素材并进行分割，如图 4-52 所示。选取分割后右侧的视频素材，点击"删除"按钮，删除视频素材，如图 4-53 所示。

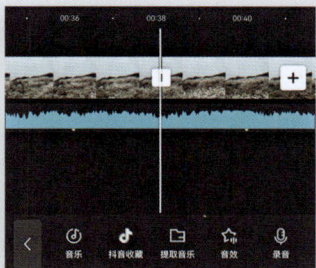
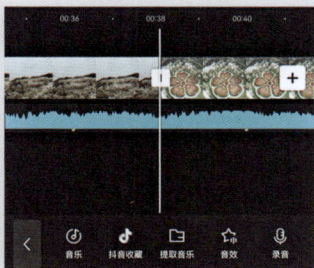

图 4-51	图 4-52	图 4-53

（13）选中需要的视频素材，点击底部工具栏中的"变速"按钮，弹出相应的按钮，如图 4-54 所示。点击"常规变速"按钮，进入常规调整界面，向右滑动圆形滑块到 2.0x，如图 4-55 所示。点击"√"按钮，确认操作。移动白色显示滑杆到 00:52 秒处，选择视频素材并进行分割，如图 4-56 所示。

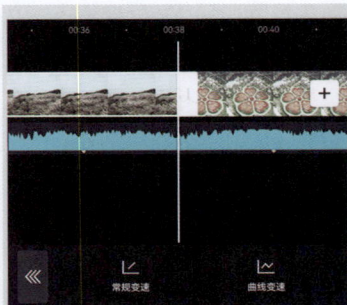
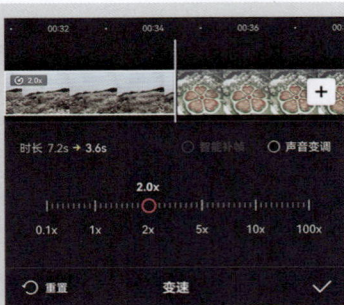
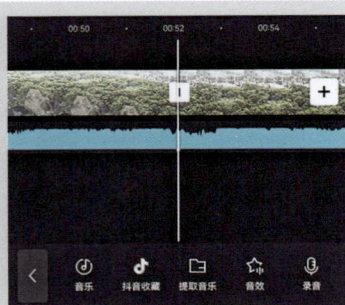

图 4-54 图 4-55 图 4-56

（14）选取分割后左侧的视频素材，点击"删除"按钮，删除视频素材，如图 4-57 所示。移动白色显示滑杆到 00:39 秒处，选择视频素材并进行分割，如图 4-58 所示。选取分割后右侧的视频素材，点击"删除"按钮，删除视频素材，如图 4-59 所示。

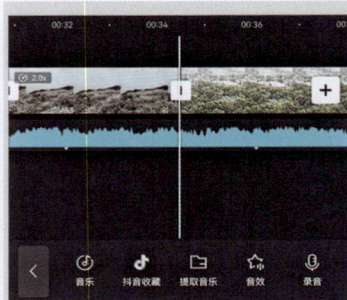
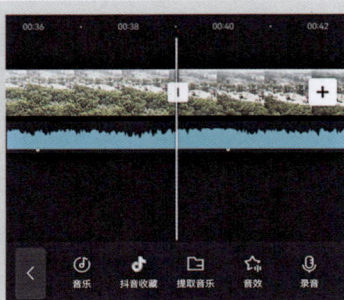

图 4-57 图 4-58 图 4-59

（15）移动白色显示滑杆到 01:16 秒处，选择视频素材并进行分割，如图 4-60 所示。选取分割后左侧的视频素材，点击"删除"按钮，删除视频素材，如图 4-61 所示。移动白色显示滑杆到 00:44 秒处，选择视频素材并进行分割，如图 4-62 所示。

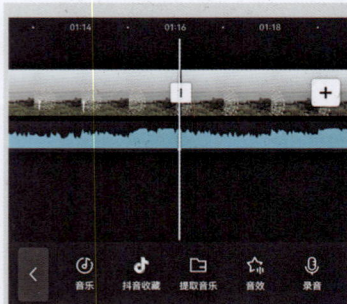
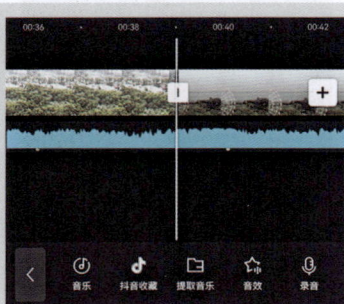
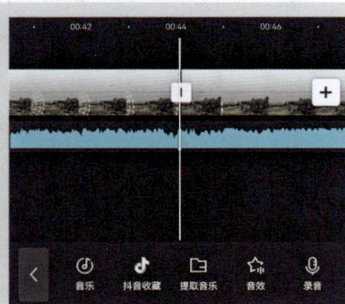

图 4-60 图 4-61 图 4-62

（16）选取分割后右侧的视频素材，点击"删除"按钮，删除视频素材，如图 4-63 所示。移动白色显示滑杆到 00:58 秒处，选择视频素材并进行分割，如图 4-64 所示。选取分割后左侧的视频素材，点击"删除"按钮，删除视频素材，如图 4-65 所示。

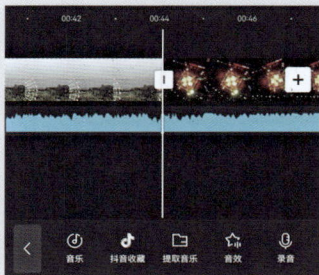

图 4-63

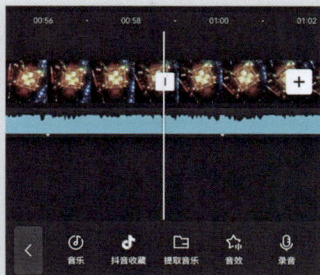

图 4-64

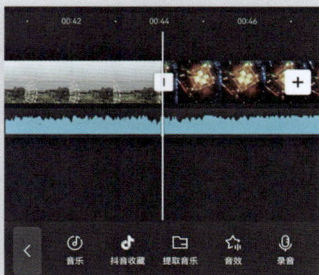

图 4-65

4．添加转场和动画效果

（1）将白色显示滑杆移动到素材连接处，如图 4-66 所示。点击素材连接处的标志，弹出"转场"选项，如图 4-67 所示。选择"运镜"选项中的"推近"转场，将转场时长设置为 0.5s，如图 4-68 所示。点击"√"按钮，确认操作。

图 4-66

图 4-67

图 4-68

（2）点击第 5 个素材连接处的标志，选择"运镜"选项中的"推近"转场，将转场时长设置为 0.5s，如图 4-69 所示。点击"√"按钮，确认操作。

（3）点击第 6 个素材连接处的标志，选择"运镜"选项中的"拉远"转场，将转场时长设置为 0.5s，如图 4-70 所示。点击"√"按钮，确认操作。

（4）点击第 7 个素材连接处的标志，选择"运镜"选项中的"推近"转场，将转场时长设置为 0.5s，如图 4-71 所示。点击"√"按钮，确认操作。

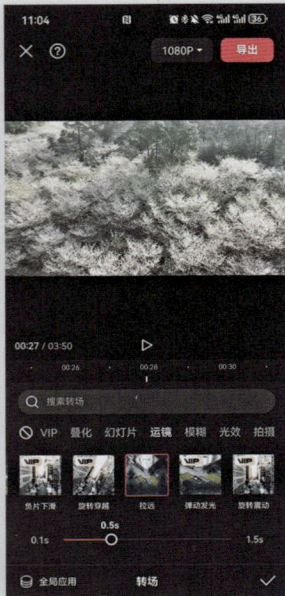

图 4-69　　　　　　　　　　图 4-70　　　　　　　　　　图 4-71

（5）点击第 8 个素材连接处的标志，选择"叠化"选项中的"叠化"转场，将转场时长设置为 0.5s，如图 4-72 所示。点击"√"按钮，确认操作。

（6）点击第 9 个素材连接处的标志，选择"叠化"选项中的"闪黑"转场，将转场时长设置为 0.9s，如图 4-73 所示。点击"√"按钮，确认操作。

（7）点击第 10 个素材连接处的标志，选择"叠化"选项中的"闪黑"转场，将转场时长设置为 0.5s，如图 4-74 所示。点击"√"按钮，确认操作。

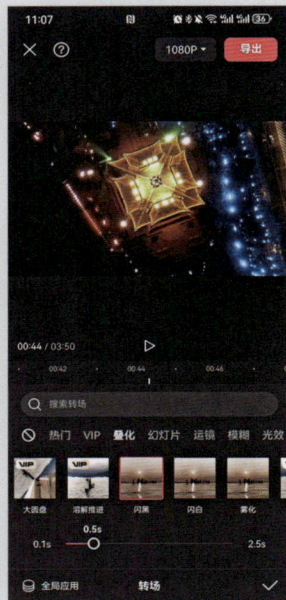

图 4-72　　　　　　　　　　图 4-73　　　　　　　　　　图 4-74

（8）选中需要的素材，如图 4-75 所示。点击底部工具栏中的"动画"按钮，弹出"动画"选项，如图 4-76 所示。在"出场动画"选项中，选择"渐隐"动画，设置动画时长为 3.5s，如图 4-77 所示。点击"√"按钮，确认操作。

图 4-75　　　　　　　　　　图 4-76　　　　　　　　　　图 4-77

5．添加并设置调色

（1）返回素材起始位置，点击底部工具栏左侧的三角按钮，显示出需要的按钮，如图 4-78 所示。

（2）点击"调节"按钮，弹出"调节"选项。将"对比度"选项设置为 21，如图 4-79 所示；将"饱和度"选项设置为 9，如图 4-80 所示。

图 4-78　　　　　　　　　　图 4-79　　　　　　　　　　图 4-80

（3）将"光感"选项设置为 11，如图 4-81 所示；将"高光"选项设置为 -23，如图 4-82 所示；将"阴影"选项设置为 -7，如图 4-83 所示。

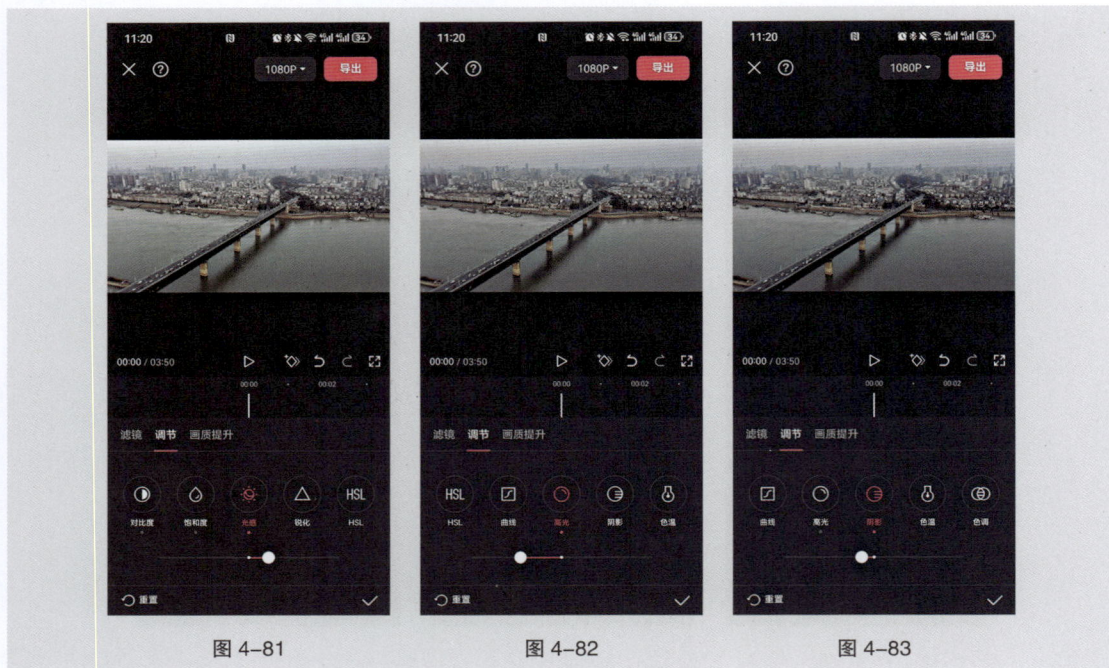

图 4-81　　　　　　图 4-82　　　　　　图 4-83

（4）将"色温"选项设置为 -12，如图 4-84 所示；将"暗角"选项设置为 6，如图 4-85 所示。点击"√"按钮，确认操作，在时间轴区域生成"调节 1"，如图 4-86 所示。

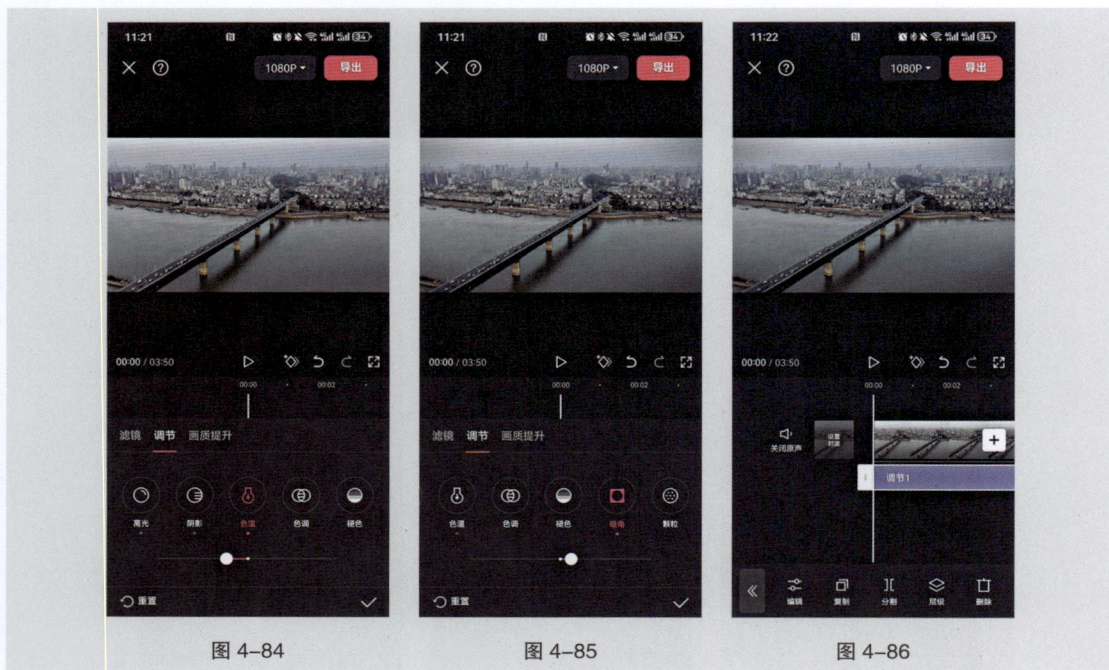

图 4-84　　　　　　图 4-85　　　　　　图 4-86

（5）向右拖曳"调节 1"右侧的边界框以调整时长，如图 4-87 所示。取消"调节 1"的选取状态。返回素材起始位置，如图 4-88 所示。点击"新增调节"按钮，弹出"调节"选项。将"对比度"选项设置为 16，如图 4-89 所示。

图 4-87   图 4-88   图 4-89

（6）将"高光"选项设置为 −12，如图 4-90 所示。点击"√"按钮，确认操作，在时间轴区域生成"调节 2"，如图 4-91 所示。取消"调节 2"的选取状态，移动白色显示滑杆到 00:24 秒处，如图 4-92 所示。

图 4-90   图 4-91   图 4-92

（7）点击"新增调节"按钮，弹出"调节"选项。将"亮度"选项设置为6，如图4-93所示；将"对比度"选项设置为9，如图4-94所示；将"高光"选项设置为-42，如图4-95所示。

图 4-93　　　　　　　　　　图 4-94　　　　　　　　　　图 4-95

（8）将"阴影"选项设置为-4，如图4-96所示。点击"√"按钮，确认操作，在时间轴区域生成"调节3"，如图4-97所示。取消"调节3"的选取状态，移动白色显示滑杆到图4-98所示的位置。

图 4-96　　　　　　　　　　图 4-97　　　　　　　　　　图 4-98

（9）点击"新增调节"按钮，弹出"调节"选项。将"对比度"选项设置为 6，如图 4-99 所示；将"高光"选项设置为 -27，如图 4-100 所示；将"阴影"选项设置为 7，如图 4-101 所示。

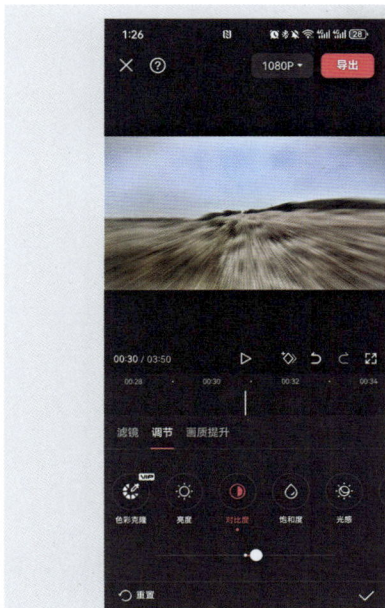

图 4-99　　　　　　　　　　　　　图 4-100　　　　　　　　　　　　　图 4-101

（10）将"色温"选项设置为 6，如图 4-102 所示；将"光感"选项设置为 12，如图 4-103 所示。点击"√"按钮，确认操作，在时间轴区域生成"调节 4"。向右拖曳"调节 4"右侧的边界框以调整时长，如图 4-104 所示。取消"调节 4"的选取状态。

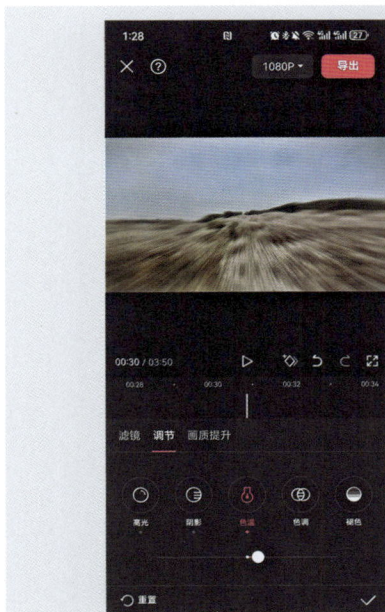

图 4-102　　　　　　　　　　　　　图 4-103　　　　　　　　　　　　　图 4-104

6. 添加标题文字

（1）返回素材起始位置，点击底部工具栏左侧的三角按钮，显示出需要的按钮，如图 4-105 所示。点击"文字"按钮，显示相应的按钮，如图 4-106 所示。点击"文字模板"按钮，弹出模板，如图 4-107 所示。

图 4-105　　　　　　　　　图 4-106　　　　　　　　　图 4-107

（2）在"简约"模板中选择需要的模板，效果如图 4-108 所示。在预览窗口中分别选择文字并进行修改，如图 4-109 所示。点击"√"按钮，确认操作。生成文字后，在时间轴区域中向右拖曳文字右侧的边界框以调整时长，如图 4-110 所示。取消标题文字的选取状态。

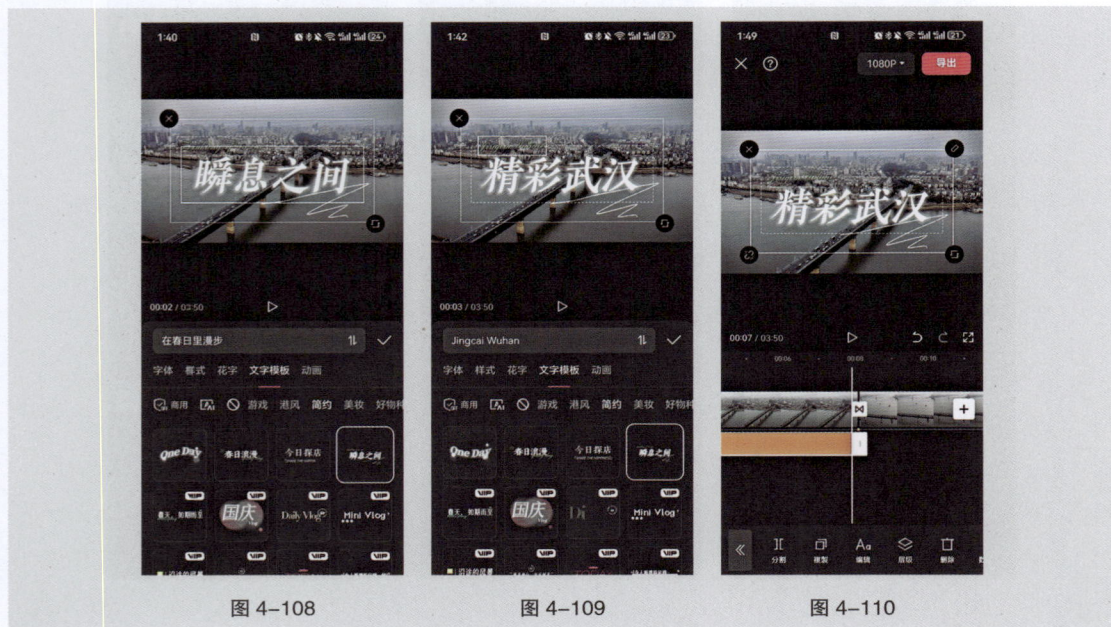

图 4-108　　　　　　　　　图 4-109　　　　　　　　　图 4-110

7. 添加音效

（1）连续点击底部工具栏左侧的三角按钮，显示相应的按钮。移动白色显示滑杆到图 4-111 所示的位置。点击底部工具栏中的"音频"按钮，弹出相应的按钮，如图 4-112 所示。点击"音效"按钮，进入音效界面，如图 4-113 所示。

图 4-111   图 4-112   图 4-113

（2）选择"转场"选项，如图 4-114 所示。向上滑动可以显示更多音效，点击需要的音效，可以试听，如图 4-115 所示。点击"使用"按钮，添加音效，如图 4-116 所示。取消音效的选取状态。

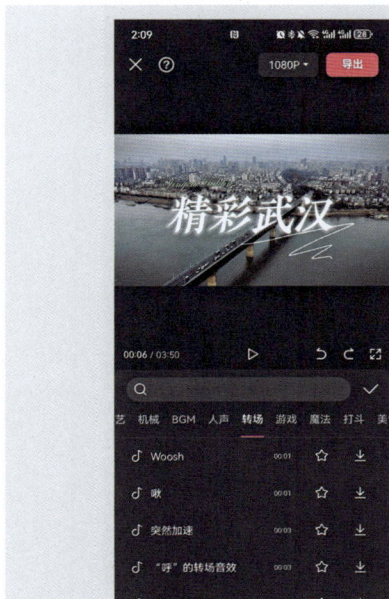

图 4-114   图 4-115   图 4-116

（3）移动白色显示滑杆到 00:11 秒处，如图 4-117 所示。点击"音效"按钮，进入音效界面，试听需要的音效，如图 4-118 所示。点击"使用"按钮，添加音效，如图 4-119 所示。取消音效的选取状态。

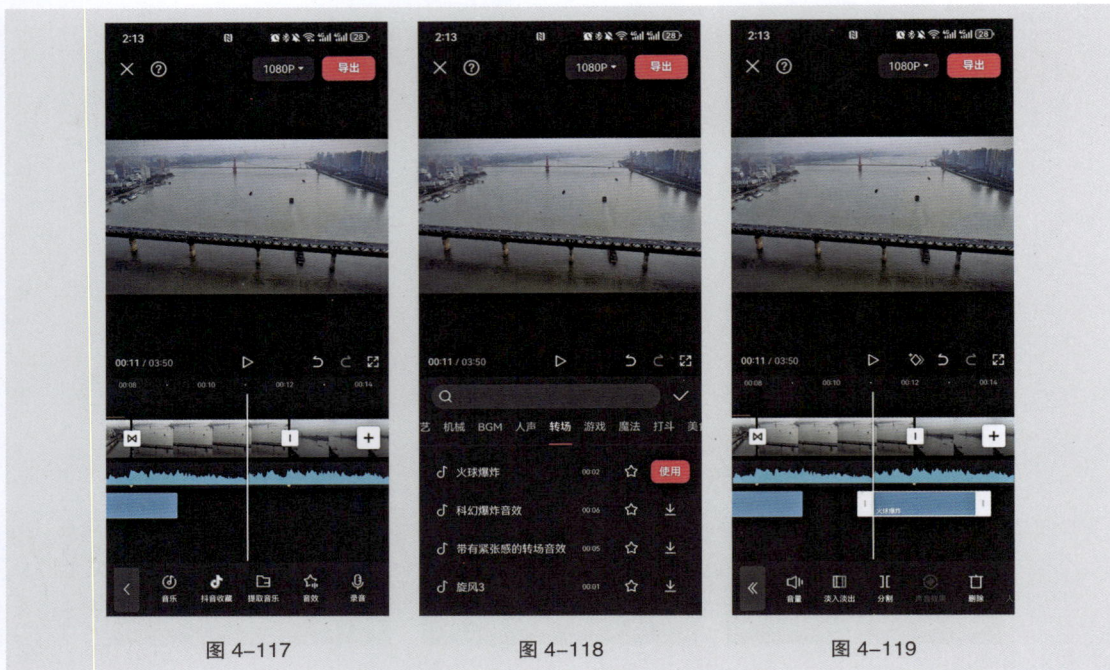

| 图 4-117 | 图 4-118 | 图 4-119 |

（4）移动白色显示滑杆到图 4-120 所示的位置。点击"音效"按钮，进入音效界面，试听需要的音效，如图 4-121 所示。点击"使用"按钮，添加音效，如图 4-122 所示。取消音效的选取状态。

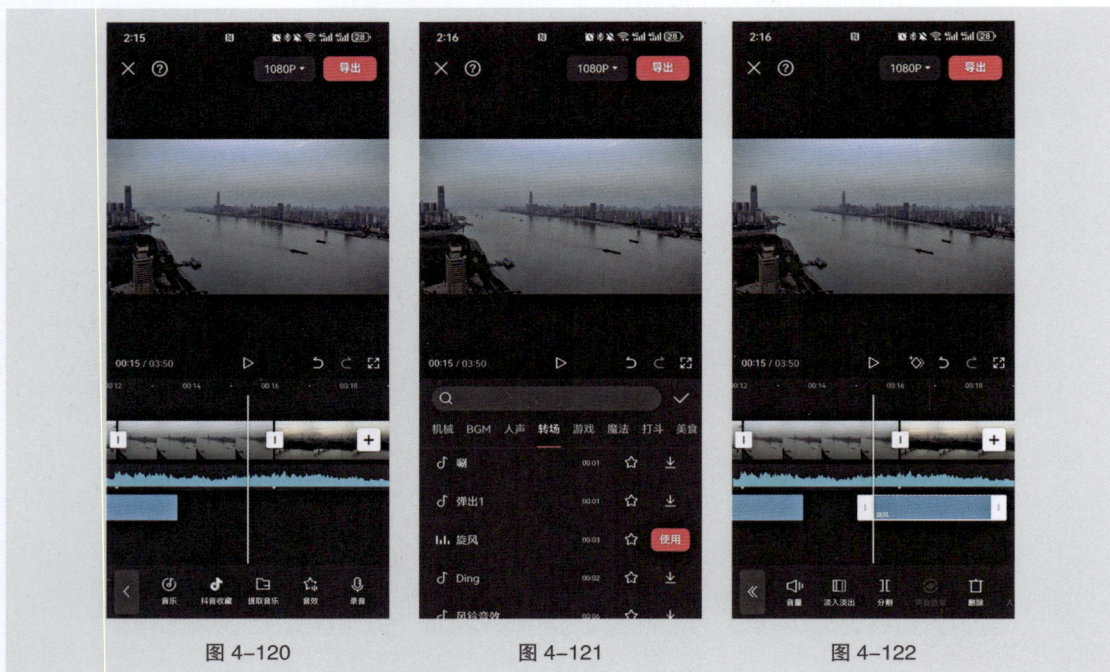

| 图 4-120 | 图 4-121 | 图 4-122 |

（5）移动白色显示滑杆到 00：21 秒处，如图 4-123 所示。点击"音效"按钮，进入音效界面，如图 4-124 所示。点击"使用"按钮，添加音效，如图 4-125 所示。取消音效的选取状态。

图 4-123

图 4-124

图 4-125

（6）移动白色显示滑杆到 00：23 秒处，如图 4-126 所示。点击"音效"按钮，进入音效界面，试听需要的音效，如图 4-127 所示。点击"使用"按钮，添加音效，如图 4-128 所示。取消音效的选取状态。

图 4-126

图 4-127

图 4-128

（7）移动白色显示滑杆到 00:26 秒处，如图 4-129 所示。点击"音效"按钮，进入音效界面，如图 4-130 所示。点击"使用"按钮，添加音效，如图 4-131 所示。取消音效的选取状态。

图 4-129   图 4-130   图 4-131

（8）移动白色显示滑杆到 00:30 秒处，如图 4-132 所示。点击"音效"按钮，进入音效界面，试听需要的音效，如图 4-133 所示。点击"使用"按钮，添加音效，如图 4-134 所示。取消音效的选取状态。

图 4-132   图 4-133   图 4-134

（9）移动白色显示滑杆到 00:34 秒处，如图 4-135 所示。点击"音效"按钮，进入音效界面，试听需要的音效，如图 4-136 所示。点击"使用"按钮，添加音效，如图 4-137 所示。取消音效的选取状态。

图 4-135　　　　　　　　图 4-136　　　　　　　　图 4-137

（10）移动白色显示滑杆到 00:38 秒处，如图 4-138 所示。点击"音效"按钮，进入音效界面，如图 4-139 所示。点击"使用"按钮，添加音效，如图 4-140 所示。取消音效的选取状态。

图 4-138　　　　　　　　图 4-139　　　　　　　　图 4-140

（11）移动白色显示滑杆到 00:44 秒处，如图 4-141 所示。点击"音效"按钮，进入音效界面，试听需要的音效，如图 4-142 所示。点击"使用"按钮，添加音效，如图 4-143 所示。取消音效的选取状态。

| 图 4-141 | 图 4-142 | 图 4-143 |

8. 剪辑并设置音频

（1）移动白色显示滑杆到 00:58 秒处，如图 4-144 所示。选择音频素材并进行分割。选取分割后右侧的音频素材，如图 4-145 所示。点击"删除"按钮，删除音频素材，如图 4-146 所示。

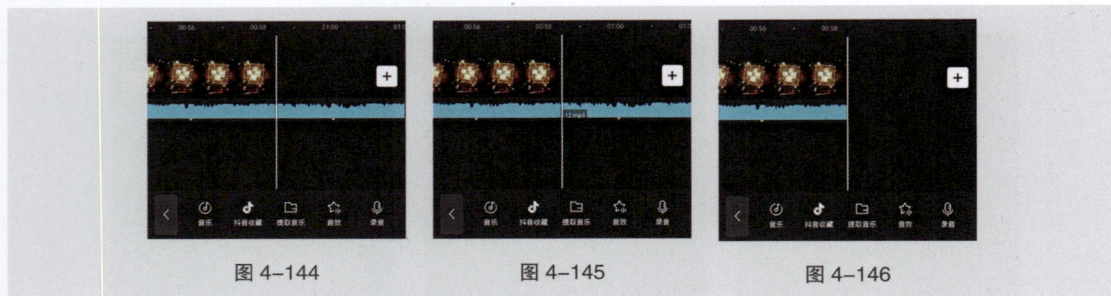

| 图 4-144 | 图 4-145 | 图 4-146 |

（2）选中音频素材，如图 4-147 所示。点击"淡入淡出"按钮，弹出"淡入淡出"选项，调整"淡出时长"选项，如图 4-148 所示。点击"√"按钮，确认操作。

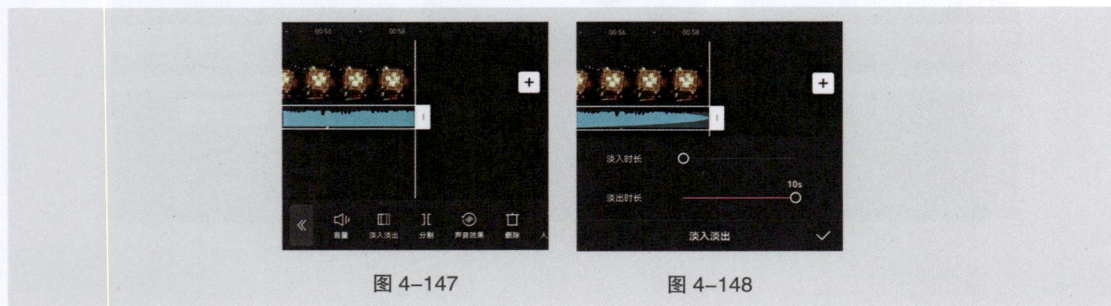

| 图 4-147 | 图 4-148 |

9. 导出短视频

（1）预览完成后的短视频。点击上方的"1080P"，弹出导出选项设置界面，如图 4-149 所示。

（2）保持默认设置，点击"导出"按钮，进入导出界面，如图 4-150 所示。导出完成后，点击"完成"按钮，如图 4-151 所示。可在图库 App 中回看短视频。

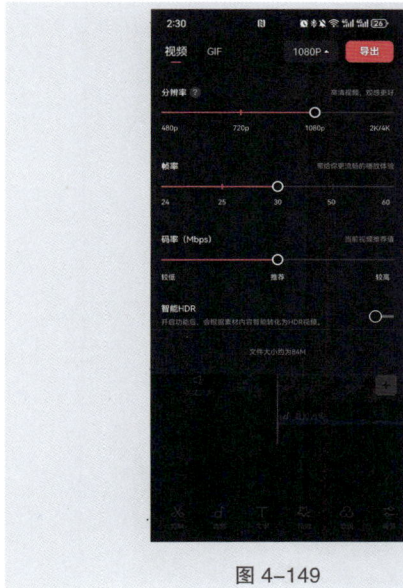
图 4-149

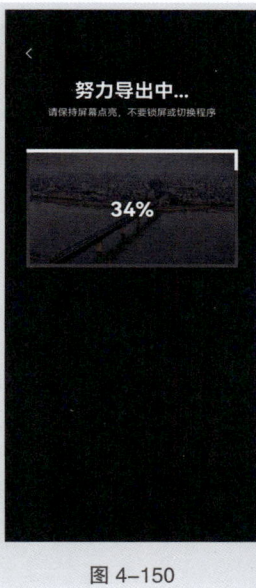
图 4-150

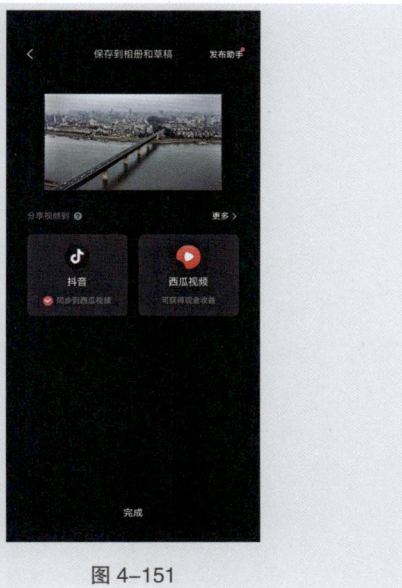
图 4-151

任务知识

4.1 视频转场

剪映 App 为用户提供了丰富的转场效果。在两个不同画面之间添加转场效果，可以使视频画面之间的过渡更加平滑，提升观看体验。

导入需要添加转场效果的视频素材，将白色显示滑杆移动到素材连接处，如图 4-152 所示。点击素材连接处的方形标志，弹出"转场"选项，如图 4-153 所示，可以选择不同类别的转场效果。选中转场效果后，可以根据需要滑动圆形滑块来调整转场效果的持续时间，如图 4-154 所示。设置完成后，点击"√"按钮，确认操作。如果需要在每个素材之间使用同一个转场效果，点击"全局应用"按钮即可。

下面分别对常用的视频转场进行讲解。

图 4-152

图 4-153

图 4-154

1. "叠化"转场

"叠化"转场选项中包括"叠化""叠加""雾化""渐变擦除""色彩溶解"等转场效果。这一类转场在切换时将两个视频画面叠加在一起，通过前一个画面逐渐消失、后一个画面逐渐显现的方法完成视频之间的过渡。例如，使用"雾化"转场的效果如图 4-155 所示。

图 4-155

2. "运镜"转场

"运镜"转场选项中包括"吸入""推近""拉远""抖动"等转场效果。这一类转场在切换时通过模拟摄像机的移动，如推、拉、摇、移等，来产生视频过渡时的运动模糊效果。例如，使用"吸入"转场的效果如图 4-156 所示。

图 4-156

3. "模糊"转场

"模糊"转场选项中包括"放射""粒子""竖向模糊""马赛克"等转场效果。这一类转场以其特有的视觉模糊处理，可以更自然地完成视频之间的过渡。例如，使用"竖向模糊"转场的效果如图 4-157 所示。

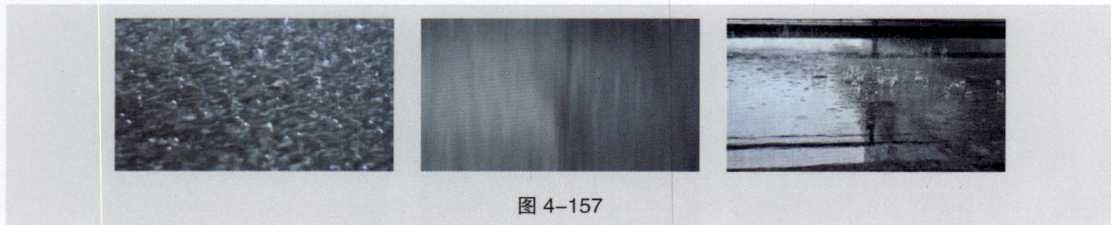

图 4-157

4. "光效"转场

"光效"转场选项中包括"春日光斑""泛白""泛光""复古漏光"等转场效果。这一类转场通过唯美或酷炫的光效完成视频之间的过渡。例如，使用"春日光斑"转场的效果如图 4-158 所示。

图 4-158

5．"拍摄"转场

　　"拍摄"转场选项中包括"复古放映""拍摄器""眨眼""放大镜"等转场效果。这一类转场通过模仿摄影过程中的动作，如按下快门的瞬间、闪光灯的闪烁等，来完成视频之间的过渡。例如，使用"拍摄器"转场的效果如图 4-159 所示。

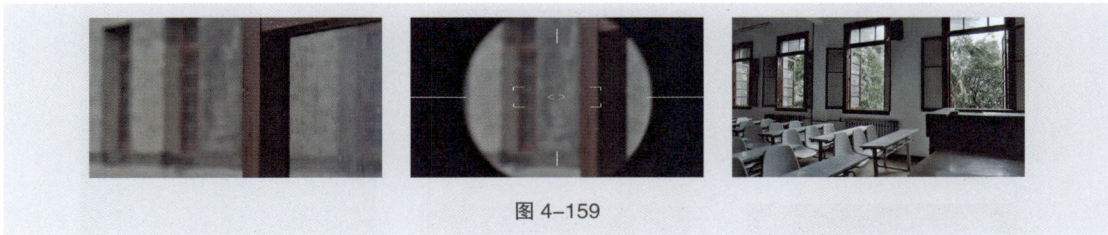

图 4-159

4.2　视频滤镜

　　滤镜是视频中不可或缺的一部分。它不仅可以改善画面色彩，还能营造不同的氛围、修饰人物。剪映 App 为用户提供了数十种滤镜效果，可以根据需要进行选择和调整。

　　导入需要添加滤镜的素材，如图 4-160 所示。点击底部工具栏中的"滤镜"按钮，弹出"滤镜"选项，如图 4-161 所示，可以选择不同类别的滤镜。选中某个滤镜效果后，可以根据需要滑动圆形滑块来调整滤镜的强度，如图 4-162 所示。

图 4-160　　　　　　　　　图 4-161　　　　　　　　　图 4-162

　　如果在提供的分类列表中没有找到需要的滤镜，则可以通过"滤镜商店"查找。点击 🔲 按钮，弹出"滤镜商店"界面，如图 4-163 所示。选择需要的滤镜分类进行预览，如图 4-164 所示。点击"添加全部到滤镜面板"按钮，即可添加需要的滤镜，如图 4-165 所示。

| 图 4-163 | 图 4-164 | 图 4-165 |

点击 ▤＋ 按钮，可以对当前的滤镜分类进行管理，如图 4-166 所示。点击分类标签右上角的"－"图标，即可移除该分类，如图 4-167 所示。如果需要恢复已移除的分类，点击"已移除分类"按钮，再点击分类标签右上角的"＋"图标，即可恢复该分类，如图 4-168 所示。

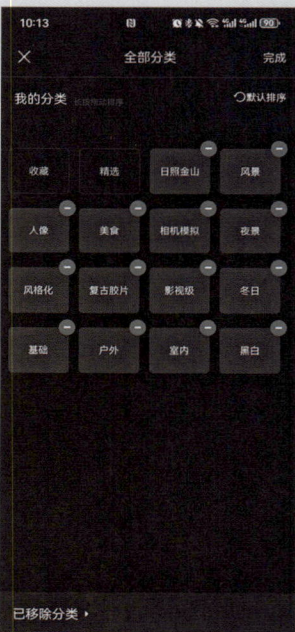

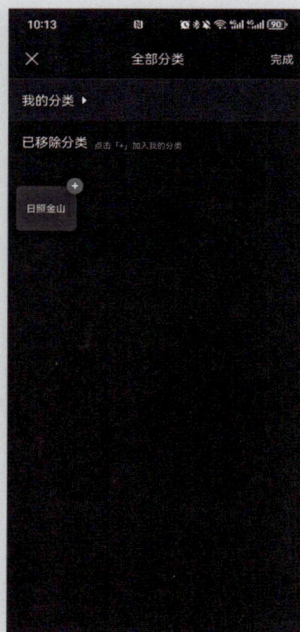

| 图 4-166 | 图 4-167 | 图 4-168 |

剪映短视频剪辑与运营（全彩慕课版）

设置完成后，点击"√"按钮，确认操作，在时间轴区域生成一段可调整时长和位置的滤镜，如图 4-169 所示。如果需要调整时长，可以拖动滤镜前后的白色边界框，如图 4-170 所示。如果需要调整滤镜的位置，选中滤镜并拖动即可，如图 4-171 所示。

图 4-169　　　　　　　　　图 4-170　　　　　　　　　图 4-171

4.3　视频调色

使用剪映 App 中的"调节"功能为视频调色，可以更加直观地调整各种参数来得到想要的效果。下面分别对各个参数进行讲解。

导入需要调色的素材，点击底部工具栏中的"调节"按钮，弹出"调节"选项，如图 4-172 所示。选中调节的选项后，可以根据需要滑动圆形滑块来调整相应的强度，如图 4-173 所示。设置完成后，点击"√"按钮，确认操作，在时间轴区域生成一段可调整时长和位置的调节素材。

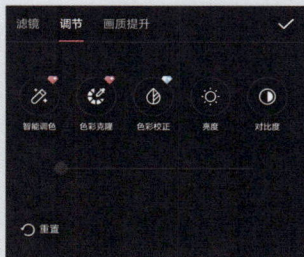 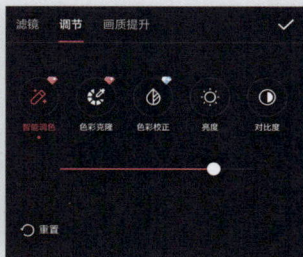

图 4-172　　　　　　　　图 4-173

智能调色：用于智能调节画面的颜色。

色彩克隆：能够将一张图片的色调应用到其他图片或视频素材上，从而实现色调统一。

色彩校正：用于校正视频画面的色彩平衡、亮度、对比度、饱和度等参数，提高视频的视觉效果。

亮度：用于调整画面的明暗程度，数值越大，画面越明亮。

对比度：用于调整画面中亮处和暗处的对比度，数值越大，对比效果越明显。

饱和度：用于调整画面中色彩的纯度，数值越大，画面颜色越鲜艳。

光感：与相机中的饱和度类似。数值过大，会出现曝光过度的效果；数值过小，会出现曝光不足的效果。

锐化：用于调整画面的锐化程度，若数值过高，会出现锯齿状效果。

清晰：用于调整画面的清晰度，数值越大，画面细节越丰富。

HSL：用于调整画面中各种色彩的色相、饱和度和亮度，可以对每种色彩分别进行调节。

曲线：包括调节画面亮度的白色曲线和调节画面颜色的红色、绿色、蓝色曲线。可根据需要调节所有颜色，也可调节一种颜色，在曲线上点击可以增加调节点。

高光：用于调整画面中的高光部分。

阴影：用于调整画面中的阴影部分。

白色：数值越大，画面中的白色部分越明显。

黑色：数值越小，画面中的黑色部分越明显。

色温：用于调整画面中色彩的冷暖。数值越大，画面越偏向于暖色；数值越小，画面越偏向于冷色。

色调：用于调整画面中色彩的颜色。

褪色：用于调整画面的褪色效果，数值越大，效果越明显。

暗角：数值为正数时，数值越大，画面四周生成的黑色暗角越大；数值为负数时，数值越小，画面四周生成的白色亮角越大。

颗粒：用于增加画面的颗粒感，一般用在简单的画面上时效果较明显。

任务扩展——制作《山水霞浦》短视频

进行前期的风景视频的拍摄，在剪映 App 中创建并导入视频，添加音频并制作踩点，对视频素材进行剪辑并制作变速效果，添加转场和动画效果，为视频素材添加滤镜和调色，添加标题文字和音效，剪辑音频并制作淡出效果，导出并查看短视频。最终效果参看学习资源中的"项目 4\ 效果 \ 山水霞浦 .mp4"，如图 4-174 所示。

慕课视频

制作《山水霞浦》短视频

图 4-174

项目 5

文艺短视频

05

文艺短视频是指融入了丰富艺术和审美因素的短视频，它不仅是一种新兴的媒体内容，更是一种承载了文化和艺术价值的创作形式。本项目将详细讲解文艺短视频的剪辑思路和制作技巧。在制作文艺短视频时，应注重镜头语言的运用，同时利用转场、音效、字幕等效果增强视频的节奏感和观赏性。剪辑文艺短视频时要注意节奏的控制，适时调整镜头的持续时间和音乐的节奏，以吸引观众的注意力并维持视频的连续性。

慕课视频

项目 5
文艺短视频

学习目标

知识目标	能力目标	素质目标
1. 掌握为视频添加特效的技巧。 2. 掌握为视频添加音效的方法。 3. 掌握为视频添加配音的方法	1. 掌握《丹霞印记》短视频的制作方法。 2. 掌握《天空之境》短视频的制作方法	1. 培养对短视频制作的浓厚兴趣。 2. 培养准确观察和分析视频的能力。 3. 培养不断实践和尝试积极探索的能力

任务实践——制作《丹霞印记》短视频

【任务目标】

文艺短视频在传播艺术、音乐、非物质文化遗产等方面起到了积极的作用，促进了传统文化的创造性转化和创新性发展。本任务通过制作《丹霞印记》短视频，详细讲解文艺短视频的制作方法，确保每个镜头都能传达特定的文学意象或情感。

【任务要点】

进行前期的风景视频的拍摄，在剪映 App 中创建并导入视频，添加音频并制作踩点，对视频素材进行剪辑并制作变速效果，添加转场和特效，为视频素材调色，添加标题文字和音效，剪辑音频并制作淡出效果，导出并查看短视频。最终效果参看学习资源中的"项目5\效果\丹霞印记.mp4"，如图 5-1 所示。

图 5-1

【任务制作】

1. 创建并导入素材

（1）点击手机界面中的"剪映"图标，进入主界面，如图 5-2 所示。点击"开始创作"按钮，进入"照片视频"导入界面。

（2）选择需要的 7 个视频素材，如图 5-3 所示，点击"添加"按钮，进入素材压缩界面，素材压缩完成后，进入视频制作界面，如图 5-4 所示。

图 5-2　　　　　　图 5-3　　　　　　图 5-4

2. 添加音频和节拍

（1）在底部工具栏中点击"音频"按钮，弹出相应的按钮，如图 5-5 所示。点击"音乐"按钮，进入"音乐"界面，如图 5-6 所示。选择"导入音乐"选项中的"本地音乐"，如图 5-7 所示。

图 5-5

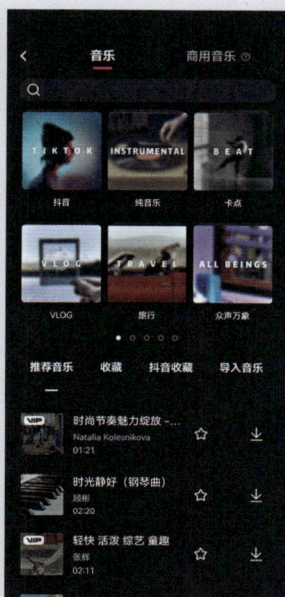
图 5-6

图 5-7

（2）点击相应的音频，可以试听音频，如图 5-8 所示。点击音频右侧的"使用"按钮，添加选取的音频，如图 5-9 所示。

图 5-8

图 5-9

（3）移动白色显示滑杆到 01:28 秒处，选择音频并进行分割，如图 5-10 所示。选取分割后左侧的音频，点击"删除"按钮，删除音频，如图 5-11 所示。选中音频，将其拖曳到视频素材的起始位置，如图 5-12 所示。

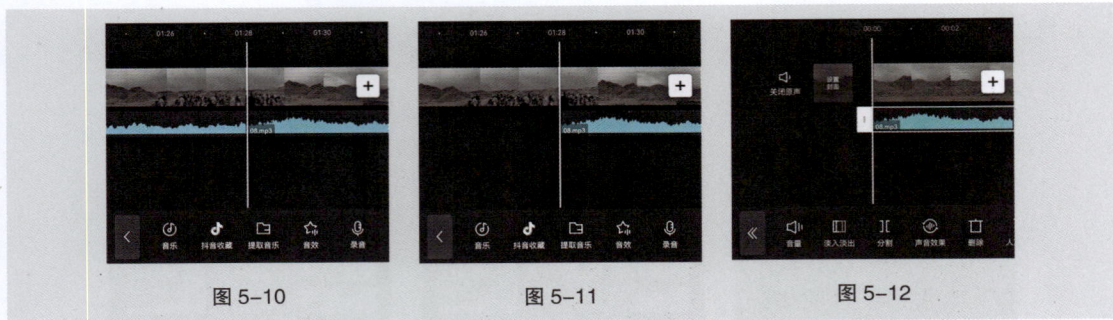

图 5-10　　　　　　　图 5-11　　　　　　　图 5-12

（4）在底部工具栏中向左滑动显示更多按钮，如图 5-13 所示，点击"节拍"按钮，弹出"节拍"选项。开启"自动踩点"，并调整节奏点的速度，如图 5-14 所示。点击"√"按钮，确认操作。可以试听音频，试听完后，返回素材起始位置。点击左侧的"关闭原声"按钮，关闭原声，如图 5-15 所示。

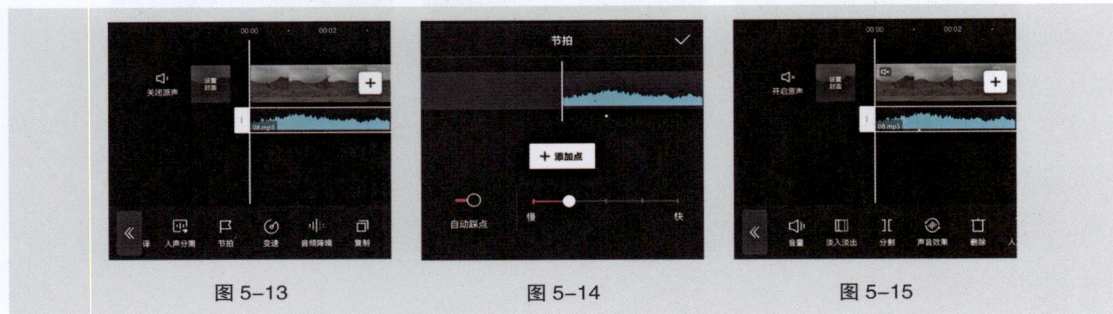

图 5-13　　　　　　　图 5-14　　　　　　　图 5-15

3. 剪辑素材并制作变速效果

（1）移动白色显示滑杆到 00:06 秒处，选择视频素材并进行分割，如图 5-16 所示。选取分割后左侧的视频素材，点击"删除"按钮，删除视频素材，如图 5-17 所示。移动白色显示滑杆到 00:03 秒处，选择视频素材并进行分割，如图 5-18 所示。

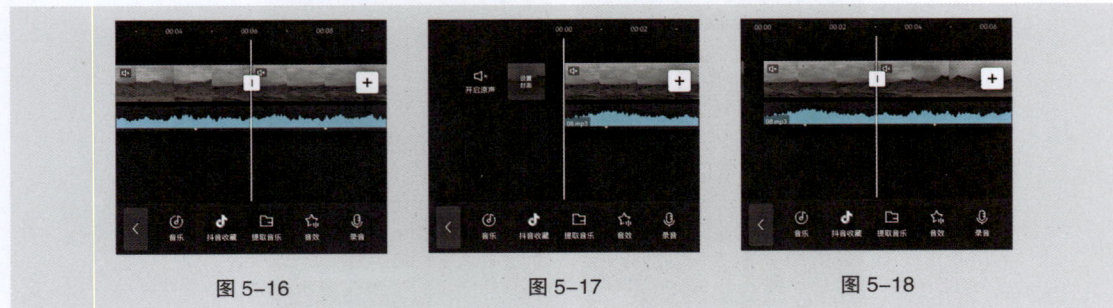

图 5-16　　　　　　　图 5-17　　　　　　　图 5-18

（2）选取分割后右侧的视频素材，点击"删除"按钮，删除视频素材，如图 5-19 所示。移动白色显示滑杆到 00:11 秒处，选择视频素材并进行分割，如图 5-20 所示。选取分割后左侧的视频素材，点击"删除"按钮，删除视频素材，如图 5-21 所示。

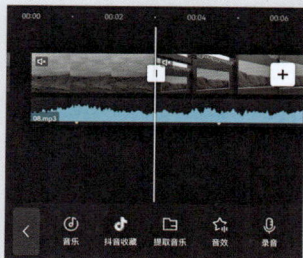
图 5-19

图 5-20

图 5-21

（3）移动白色显示滑杆到 00:05 秒处，选择视频素材并进行分割，如图 5-22 所示。选取分割后右侧的视频素材，点击"删除"按钮，删除视频素材，如图 5-23 所示。

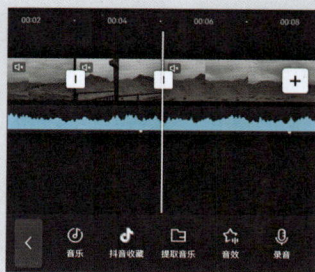
图 5-22

图 5-23

（4）选中需要的视频素材，如图 5-24 所示。点击底部工具栏中的"变速"按钮，弹出相应的按钮，如图 5-25 所示。点击"常规变速"按钮，进入常规调整界面，向左滑动圆形滑块到 0.6x，如图 5-26 所示。点击"√"按钮，确认操作。

图 5-24

图 5-25

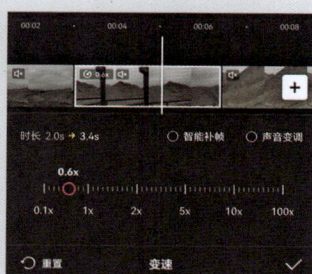
图 5-26

（5）移动白色显示滑杆到 00:13 秒处，选择视频素材并进行分割，如图 5-27 所示。选取分割后左侧的视频素材，点击"删除"按钮，删除视频素材，如图 5-28 所示。移动白色显示滑杆到 00:10 秒处，选择视频素材并进行分割，如图 5-29 所示。

（6）选取分割后右侧的视频素材，点击"删除"按钮，删除视频素材，如图 5-30 所示。移动白色显示滑杆到 00:13 秒处，选择视频素材并进行分割，如图 5-31 所示。选取分割后左侧的视频素材，点击"删除"按钮，删除视频素材，如图 5-32 所示。

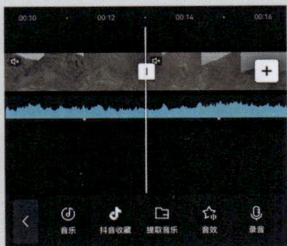
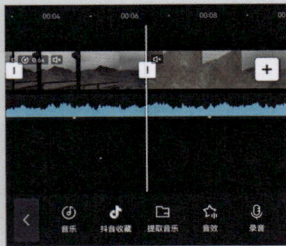
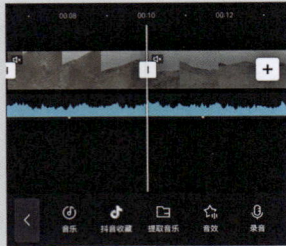

图 5-27　　　　　　　　　图 5-28　　　　　　　　　图 5-29

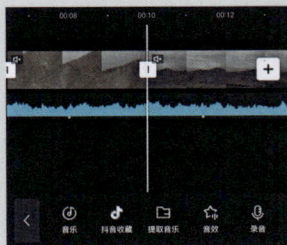
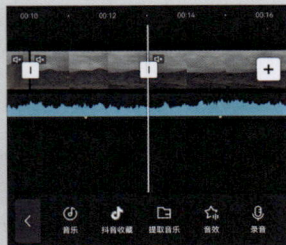
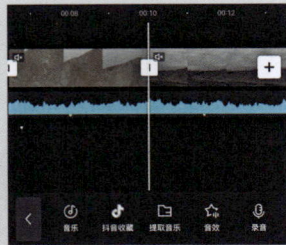

图 5-30　　　　　　　　　图 5-31　　　　　　　　　图 5-32

（7）移动白色显示滑杆到 00:14 秒处，选择视频素材并进行分割，如图 5-33 所示。选取分割后右侧的视频素材，点击"删除"按钮，删除视频素材，如图 5-34 所示。移动白色显示滑杆到 00:25 秒处，选择视频素材并进行分割，如图 5-35 所示。

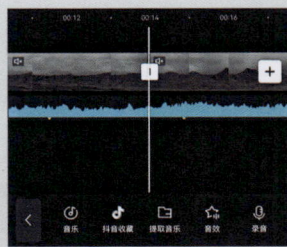

图 5-33　　　　　　　　　图 5-34　　　　　　　　　图 5-35

（8）选取分割后左侧的视频素材，点击"删除"按钮，删除视频素材，如图 5-36 所示。移动白色显示滑杆到 00:16 秒处，选择视频素材并进行分割，如图 5-37 所示。选取分割后右侧的视频素材，点击"删除"按钮，删除视频素材，如图 5-38 所示。

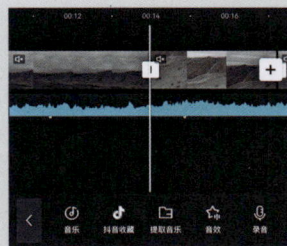
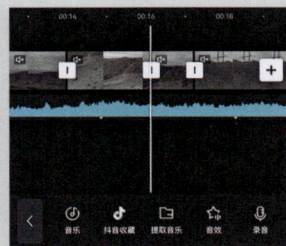

图 5-36　　　　　　　　　图 5-37　　　　　　　　　图 5-38

（9）选中需要的视频素材，如图 5-39 所示。点击底部工具栏中的"变速"按钮，弹出相应的按钮，如图 5-40 所示。点击"常规变速"按钮，进入常规调整界面，向左滑动圆形滑块到 0.6x，如图 5-41 所示。点击"√"按钮，确认操作。

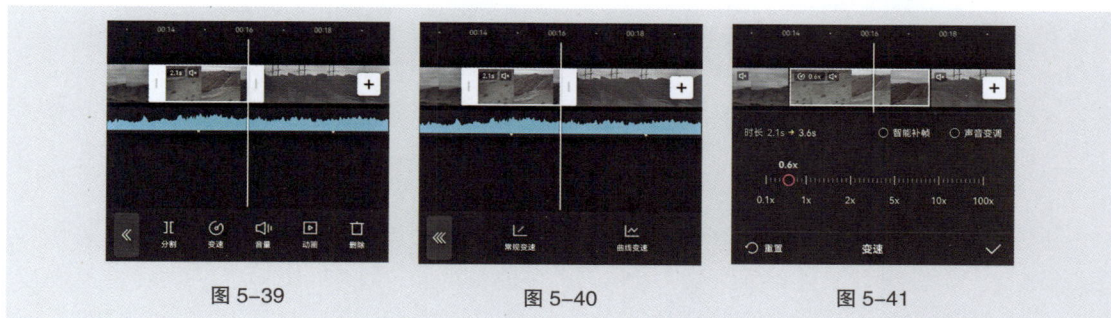

图 5-39   图 5-40   图 5-41

（10）移动白色显示滑杆到 00:44 秒处，选择视频素材并进行分割，如图 5-42 所示。选取分割后左侧的视频素材，点击"删除"按钮，删除视频素材，如图 5-43 所示。移动白色显示滑杆到 00:21 秒处，选择视频素材并进行分割，如图 5-44 所示。

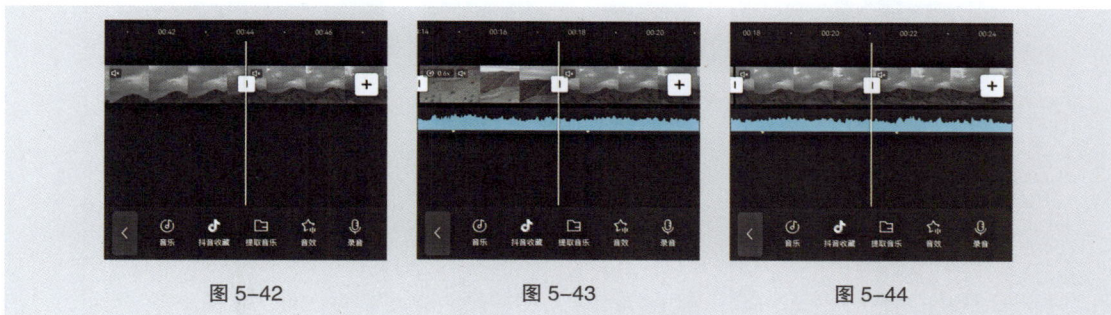

图 5-42   图 5-43   图 5-44

（11）选取分割后右侧的视频素材，点击"删除"按钮，删除视频素材，如图 5-45 所示。选中需要的视频素材，点击底部工具栏中的"变速"按钮，弹出相应的按钮，如图 5-46 所示。点击"常规变速"按钮，进入常规调整界面，向右滑动圆形滑块到 1.4x，如图 5-47 所示。点击"√"按钮，确认操作。

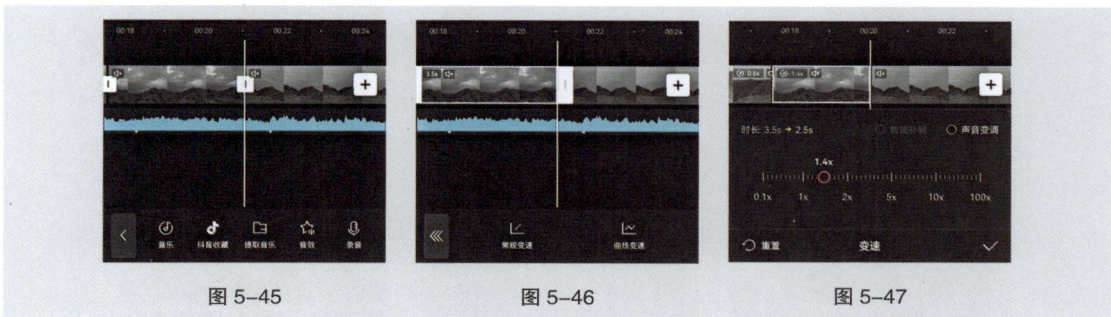

图 5-45   图 5-46   图 5-47

（12）移动白色显示滑杆到 00:29 秒处，选择视频素材并进行分割，如图 5-48 所示。选取分割后左侧的视频素材，点击"删除"按钮，删除视频素材，如图 5-49 所示。移动白色显示滑杆到 00:24 秒处，选择视频素材并进行分割，如图 5-50 所示。

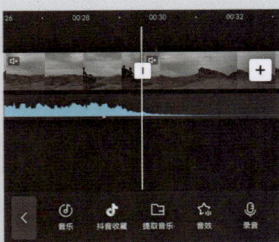 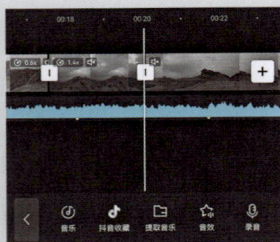 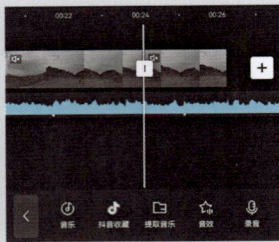

图 5-48   图 5-49   图 5-50

（13）选取分割后右侧的视频素材，点击"删除"按钮，删除视频素材，如图 5-51 所示。选中需要的视频素材，点击底部工具栏中的"变速"按钮，弹出相应的按钮，如图 5-52 所示。点击"常规变速"按钮，进入常规调整界面，向左滑动圆形滑块到 0.6x，如图 5-53 所示。点击"√"按钮，确认操作。

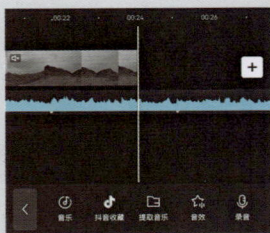 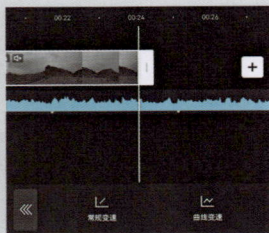 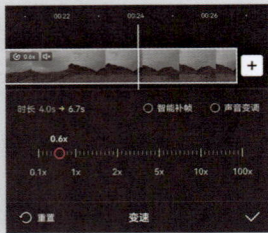

图 5-51   图 5-52   图 5-53

4. 添加转场和调色

（1）将白色显示滑杆移动到素材连接处，如图 5-54 所示。点击素材连接处的标志，弹出"转场"选项，选择"叠化"选项中的"叠化"转场，将转场时长设置为 0.5s，如图 5-55 所示。点击"√"按钮，确认操作。将白色显示滑杆移动到素材连接处，如图 5-56 所示。

图 5-54   图 5-55   图 5-56

（2）点击素材连接处的标志，弹出"转场"选项。选择"叠化"选项中的"渐变擦除"转场，将转场时长设置为0.5s，如图5-57所示。点击"√"按钮，确认操作。

（3）将白色显示滑杆移动到素材连接处，如图5-58所示。点击素材连接处的标志，弹出"转场"选项。选择"模糊"选项中的"模糊"转场，将转场时长设置为0.5s，如图5-59所示。点击"√"按钮，确认操作。

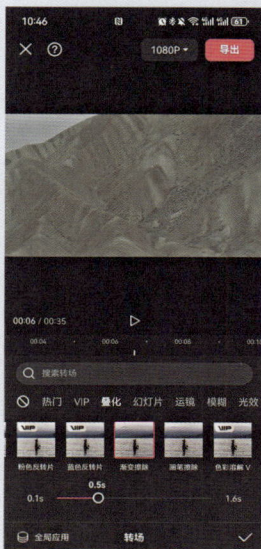
图 5-57

图 5-58

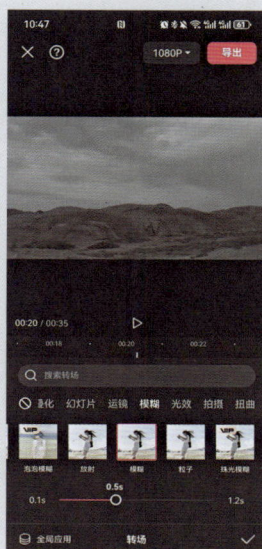
图 5-59

（4）返回素材起始位置，点击底部工具栏左侧的三角按钮，显示出需要的按钮，如图5-60所示。

（5）点击"调节"按钮，弹出"调节"选项。将"亮度"选项设置为16，如图5-61所示；将"对比度"选项设置为25，如图5-62所示。

图 5-60

图 5-61

图 5-62

（6）将"饱和度"选项设置为40，如图5-63所示；将"光感"选项设置为20，如图5-64所示；将"高光"选项设置为-20，如图5-65所示。

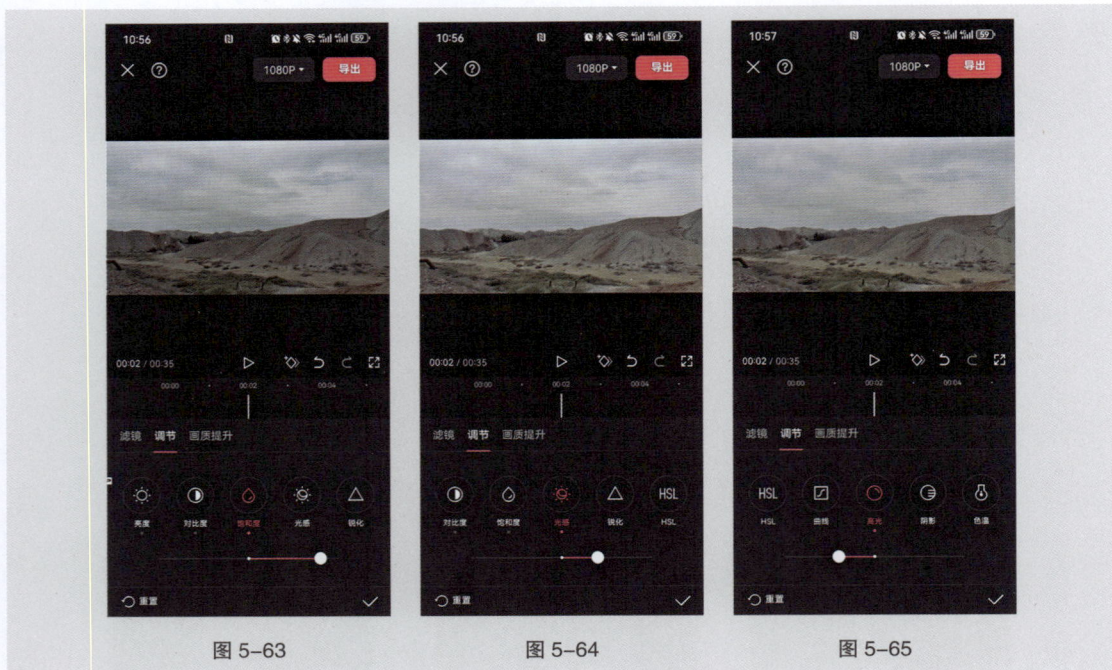

图 5-63　　　　　　　　　图 5-64　　　　　　　　　图 5-65

（7）将"阴影"选项设置为-10，如图5-66所示；将"色温"选项设置为30，如图5-67所示；将"暗角"选项设置为10，如图5-68所示。

图 5-66　　　　　　　　　图 5-67　　　　　　　　　图 5-68

（8）点击"√"按钮，确认操作，在时间轴区域生成"调节1"，如图5-69所示。向右拖曳"调节1"右侧的边界框以调整时长，如图5-70所示。取消"调节1"的选取状态。

| 图 5-69 | 图 5-70 |

5. 添加并设置特效

（1）返回素材起始位置，点击底部工具栏左侧的三角按钮，显示出需要的按钮，如图5-71所示。点击"特效"按钮，弹出"特效"相关按钮，如图5-72所示。点击"画面特效"按钮，弹出的选项如图5-73所示。

| 图 5-71 | 图 5-72 | 图 5-73 |

（2）选择"基础"选项中的"模糊开幕"特效，如图 5-74 所示。再次点击该特效，进入调整参数界面，设置"模糊度"为 50，如图 5-75 所示。点击"√"按钮，确认操作，添加特效。取消"模糊开幕"特效的选取状态，移动白色显示滑杆到 00:03 秒处，如图 5-76 所示。

| 图 5-74 | 图 5-75 | 图 5-76 |

（3）点击"画面特效"按钮，选择"氛围"选项中的"水墨晕染"特效，如图 5-77 所示。再次点击该特效，进入调整参数界面，设置"速度"为 31，如图 5-78 所示；设置"不透明度"为 25，如图 5-79 所示。点击"√"按钮，确认操作，添加特效。

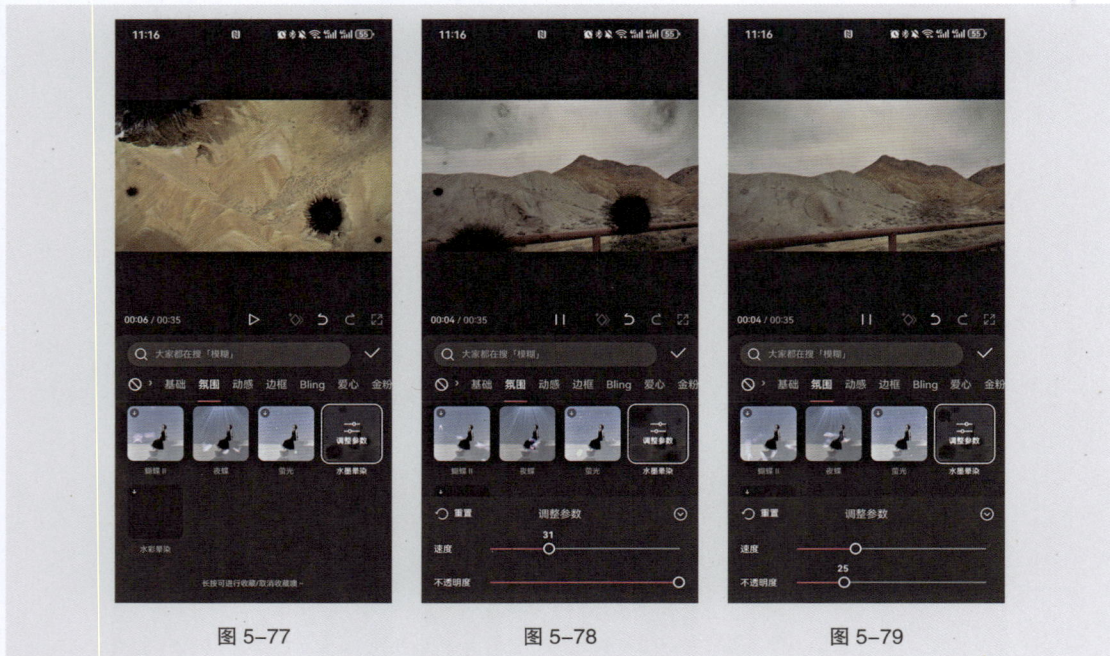

| 图 5-77 | 图 5-78 | 图 5-79 |

（4）向右拖曳"水墨晕染"右侧的边界框以调整时长，如图5-80所示。取消"水墨晕染"特效的选取状态，移动白色显示滑杆到00:13秒处，如图5-81所示。点击"画面特效"按钮，选择"自然"选项中的"烟雾"特效，如图5-82所示。

图 5-80

图 5-81

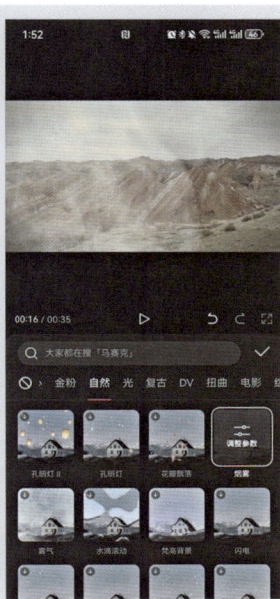
图 5-82

（5）再次点击该特效，进入调整参数界面，设置"速度"为23，如图5-83所示；设置"不透明度"为35，如图5-84所示。点击"√"按钮，确认操作，添加特效。向右拖曳"烟雾"右侧的边界框以调整时长，如图5-85所示。

图 5-83

图 5-84

图 5-85

（6）取消"烟雾"特效的选取状态。移动白色显示滑杆到00:20秒处，如图5-86所示。点击"画面特效"按钮，选择"Bling"选项中的"自然"特效，如图5-87所示。再次点击该特效，进入调整参数界面，设置"大小"为11，如图5-88所示。

图 5-86   图 5-87   图 5-88

（7）设置"数量"为74，如图5-89所示；设置"滤镜"为33，如图5-90所示；设置"旋转"为9，如图5-91所示。点击"√"按钮，确认操作，添加特效。

图 5-89   图 5-90   图 5-91

（8）取消"自然"特效的选取状态。移动白色显示滑杆到 00:23 秒处，如图 5-92 所示。点击"画面特效"按钮，选择"基础"选项中的"闭幕"特效，如图 5-93 所示。点击"√"按钮，确认操作，添加特效。向右拖曳"闭幕"右侧的边界框以调整时长，如图 5-94 所示。取消"闭幕"特效的选取状态。

 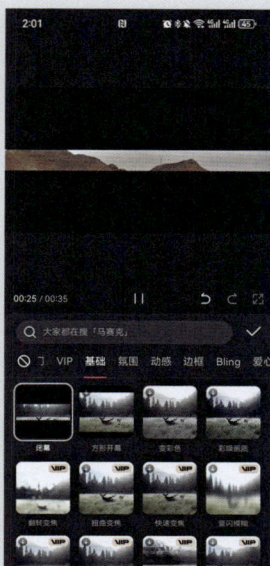 

图 5-92   图 5-93   图 5-94

6. 添加标题文字

（1）返回素材起始位置，点击底部工具栏左侧的三角按钮，显示出需要的按钮，如图 5-95 所示。点击"文字"按钮，显示相应的按钮，如图 5-96 所示。点击"文字模板"按钮，弹出模板，如图 5-97 所示。

图 5-95   图 5-96   图 5-97

（2）在"简约"模板中选择需要的模板，效果如图 5-98 所示。在预览窗口中分别选择文字并进行修改，再缩放文字并调整文字位置，如图 5-99 所示。点击"√"按钮，确认操作。添加标题文字，如图 5-100 所示，取消标题文字的选取状态。

| 图 5-98 | 图 5-99 | 图 5-100 |

7. 添加并设置音效

（1）点击底部工具栏左侧的三角按钮，显示相应的按钮。移动白色显示滑杆到 00:02 秒处，如图 5-101 所示。点击底部工具栏中的"音频"按钮，弹出相应的按钮，如图 5-102 所示。点击"音效"按钮，进入音效界面，如图 5-103 所示。

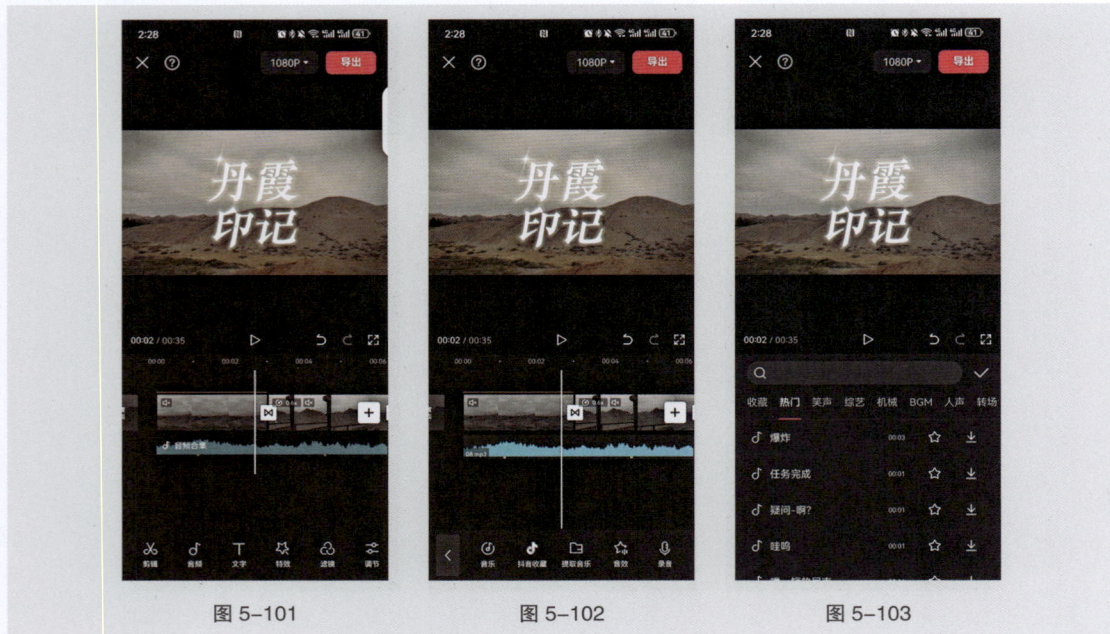

| 图 5-101 | 图 5-102 | 图 5-103 |

（2）选择"转场"选项，点击需要的音效，可以试听，如图5-104所示。点击"使用"按钮，添加音效，如图5-105所示。取消音效的选取状态。

图5-104　　　　　　　　　图5-105

（3）移动白色显示滑杆到00:08秒处，如图5-106所示。点击"音效"按钮，进入音效界面。向上滑动显示更多音效，点击需要的音效可以试听，如图5-107所示。点击"使用"按钮，添加音效，如图5-108所示。取消音效的选取状态。

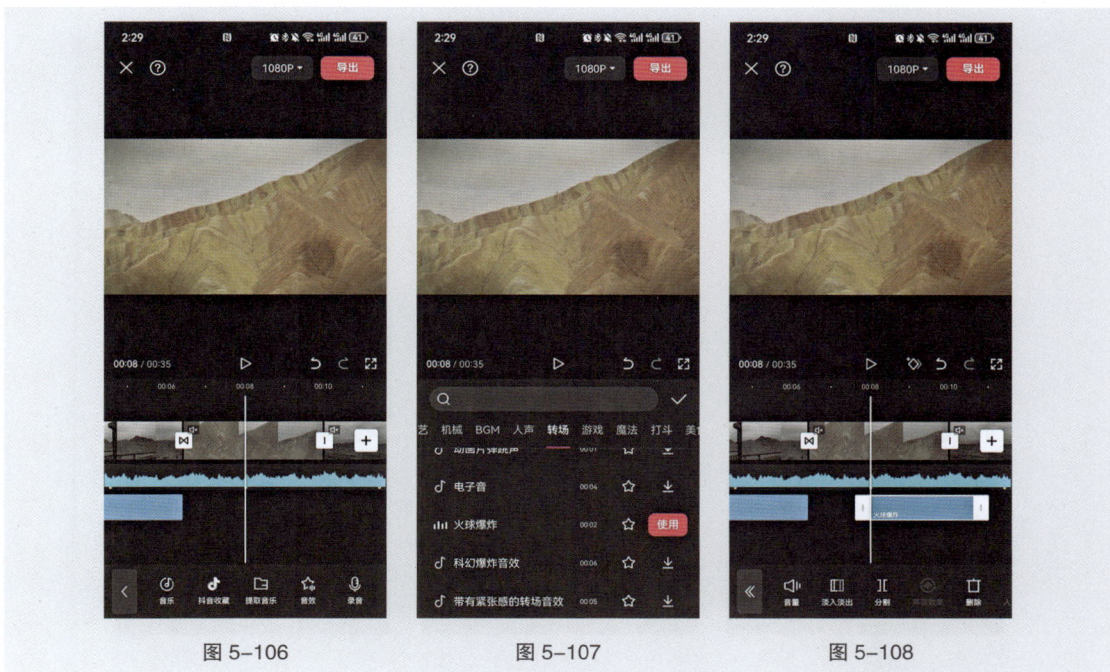

图5-106　　　　　　　图5-107　　　　　　　图5-108

（4）移动白色显示滑杆到 00:13 秒处，如图 5-109 所示。点击"音效"按钮，进入音效界面。点击需要的音效可以试听，如图 5-110 所示。点击"使用"按钮，添加音效，如图 5-111 所示。取消音效的选取状态。

| 图 5-109 | 图 5-110 | 图 5-111 |

（5）移动白色显示滑杆到 00:15 秒处，如图 5-112 所示。点击"音效"按钮，进入音效界面。向上滑动显示更多音效，点击需要的音效可以试听，如图 5-113 所示。点击"使用"按钮，添加音效，如图 5-114 所示。取消音效的选取状态。

| 图 5-112 | 图 5-113 | 图 5-114 |

（6）移动白色显示滑杆到 00:23 秒处，如图 5-115 所示。点击"音效"按钮，进入音效界面。向上滑动显示更多音效，点击需要的音效可以试听，如图 5-116 所示。点击"使用"按钮，添加音效，如图 5-117 所示。取消音效的选取状态。

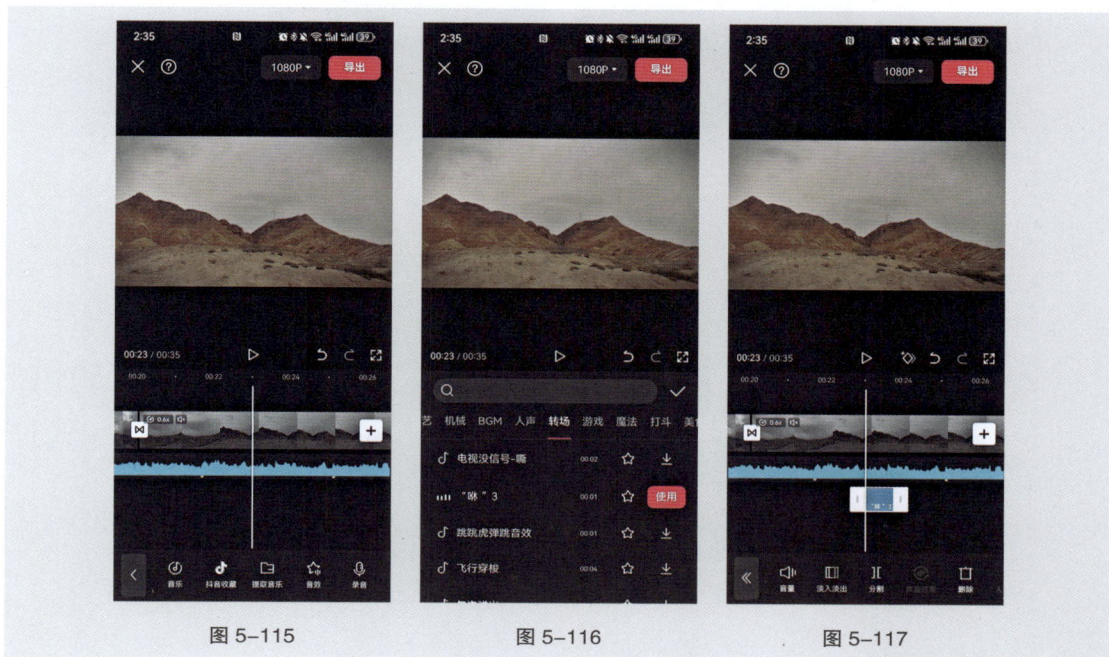

图 5-115

图 5-116

图 5-117

8. 剪辑并设置音频

（1）移动白色显示滑杆到 00:27 秒处，如图 5-118 所示。选择音频素材并进行分割，如图 5-119 所示。选取分割后右侧的音频素材，点击"删除"按钮，删除音频素材，如图 5-120 所示。

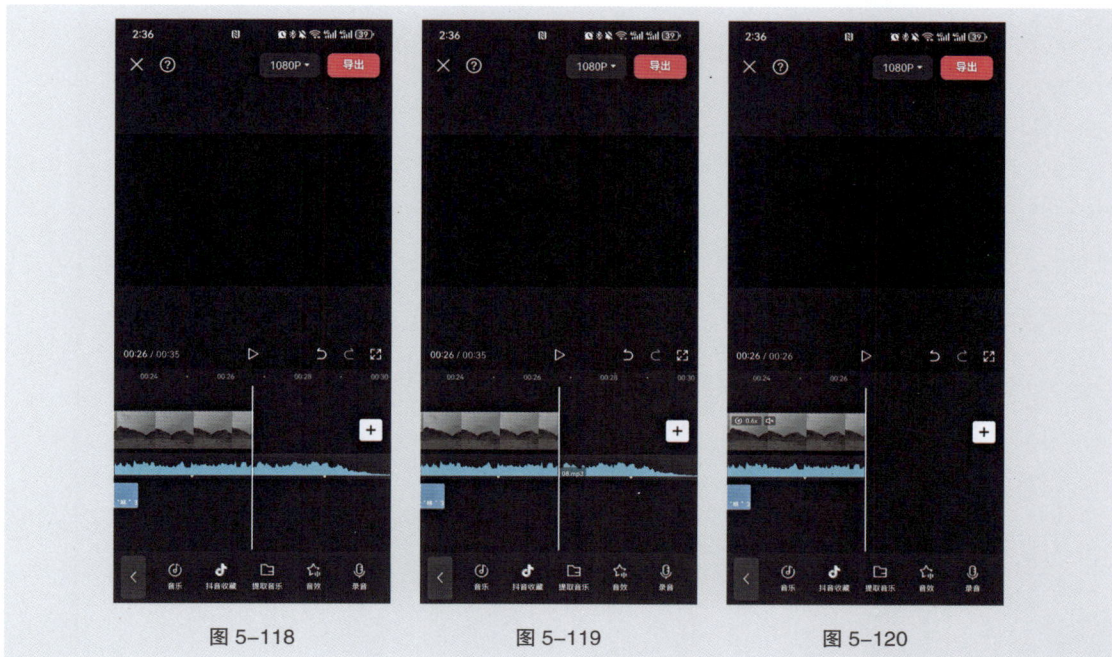

图 5-118

图 5-119

图 5-120

（2）选中音频素材，如图 5-121 所示。点击"淡入淡出"按钮，弹出"淡入淡出"选项，调整"淡出时长"选项，如图 5-122 所示。点击"√"按钮，确认操作。

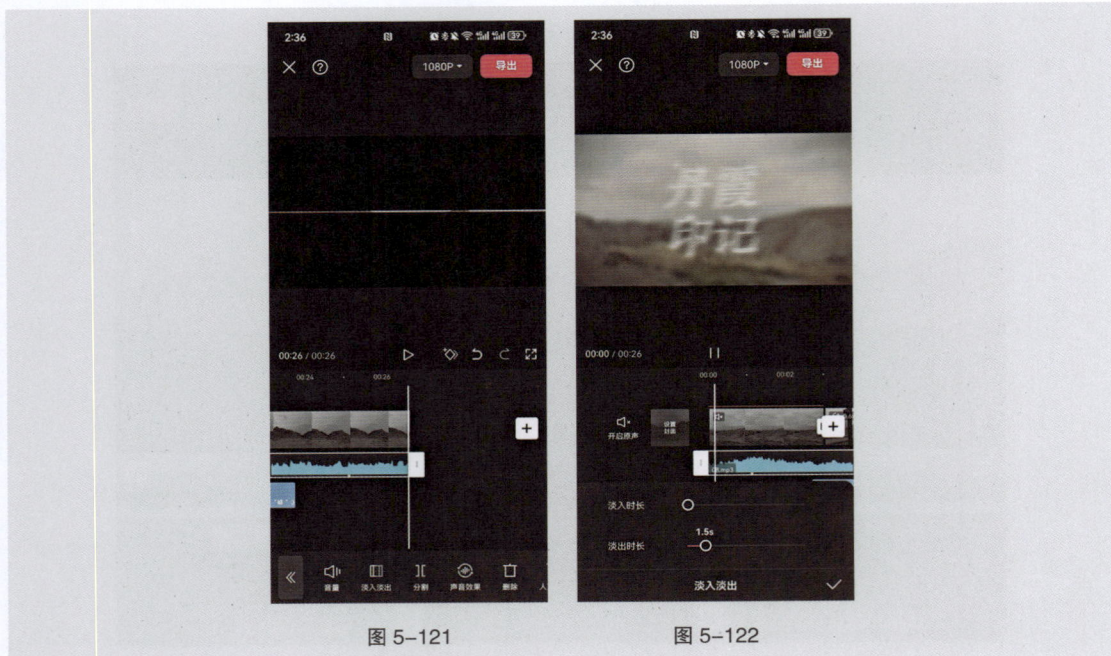

| 图 5-121 | 图 5-122 |

9. 导出短视频

（1）预览完成后的短视频。点击上方的"1080P"，弹出导出选项设置界面，如图 5-123 所示。

（2）点击"导出"按钮，进入导出界面，如图 5-124 所示。导出完成后，点击"完成"按钮，如图 5-125 所示。可在图库 App 中回看短视频。

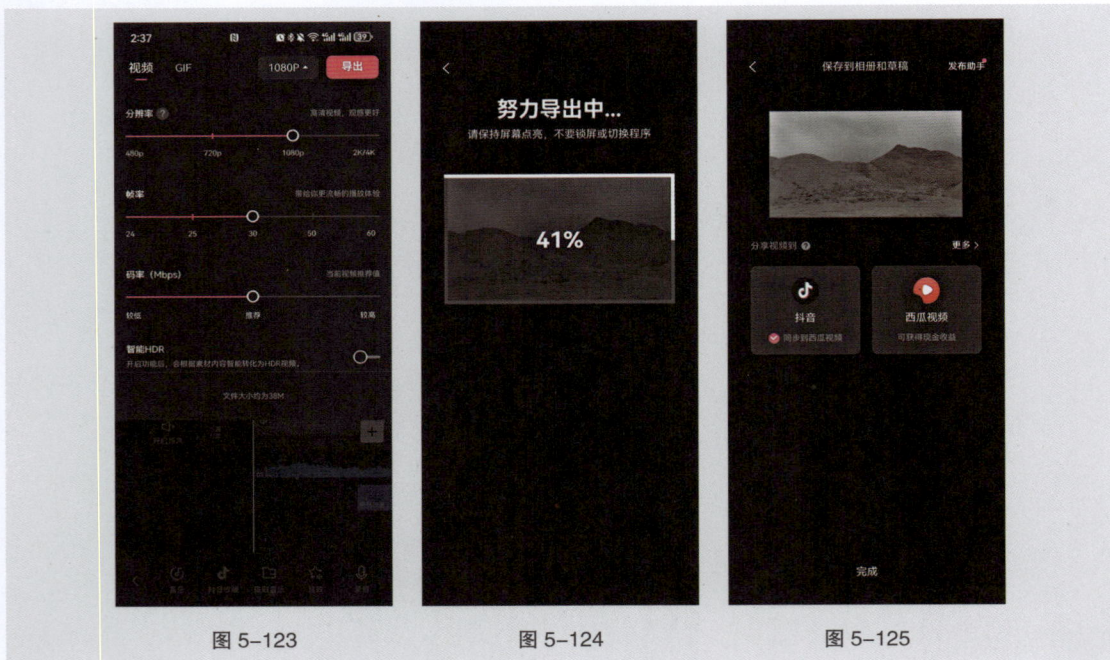

| 图 5-123 | 图 5-124 | 图 5-125 |

任务知识

5.1 视频特效

剪映 App 为用户提供了多样的特效。为视频添加合适的特效，不仅可以突出画面的重点，还可以营造画面氛围、增强画面的节奏感。

导入需要添加特效的素材，如图 5-126 所示。点击底部工具栏中的"特效"按钮，弹出"特效"相关按钮，如图 5-127 所示。

图 5-126　　　　　　　　　　图 5-127

1. 画面特效

"画面特效"中包括"基础""氛围""动感""边框""Bling"等分类，如图 5-128 所示。合理运用这些特效，可以大大提升视频的吸引力和表现力，使内容更加生动、有趣。

用户可以根据需要添加一个或多个特效，例如原效果如图 5-129 所示，使用"氛围"分类中的"夏日泡泡Ⅰ"特效、"自然"分类中的"水波倒影""雨季Ⅱ"特效的效果如图 5-130 所示。

图 5-128　　　　　　　图 5-129　　　　　　　图 5-130

2. 人物特效

"人物特效"中包括"情绪""手部""身体""挡脸""舞蹈"等分类，如图 5-131 所示。人物特效会自动作用于画面中的人物上，并在视频播放过程中产生追踪效果，帮助用户制作出富有创意的短视频。例如，原效果如图 5-132 所示，使用"挡脸"分类中的"无信号"特效后的效果如图 5-133 所示。

图 5-131　　　　　　图 5-132　　　　　　图 5-133

3. 图片玩法

"图片玩法"中包括"运镜""AI 写真""表情""分割""场景变换"等分类，如图 5-134 所示。图片玩法只能在图像素材中使用，不能在视频素材中使用。例如，原效果如图 5-135 所示，使用"热门"分类中的"毛毡风格"特效后的效果如图 5-136 所示。

图 5-134　　　　　　图 5-135　　　　　　图 5-136

4. AI 特效

"AI 特效"可以使用"灵感"选项中提供的特效，如图 5-137 所示；也可以根据自己的需要，在"自定义"选项中输入描述词，定义自己的特效，如图 5-138 所示。此选项普通用户可以使用 3 次，之后需要购买 VIP 使用。

5.2 添加音效

在视频中添加和画面相符的音效，可以极大地增强观众的代入感，使观众有身临其境的感觉。

音效的添加步骤和背景音乐的添加步骤一样，点击底部工具栏中的"音频"按钮或视频轨道下方的"添加音频"按钮，弹出相应按钮，如图 5-139 所示。点击"音效"按钮，弹出"音

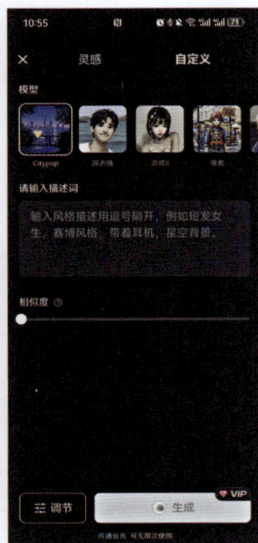

图 5-137　　　　　　图 5-138

效"选项，如图 5-140 所示。在"音效"选项中包括"笑声""综艺""机械""BGM""人声"等分类，如图 5-141 所示。

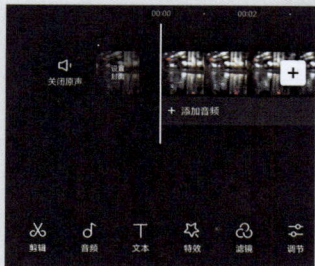 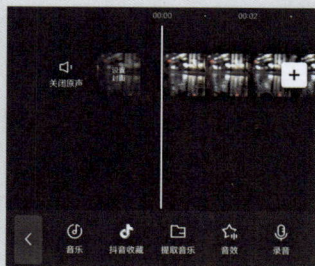 

图 5-139 图 5-140 图 5-141

选择需要的分类，点击需要的音效可以试听，如图 5-142 所示。点击"使用"按钮，添加音效，如图 5-143 所示。

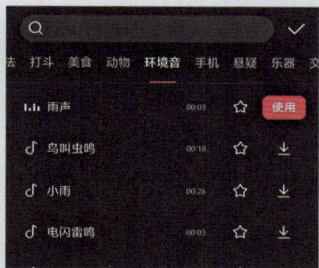 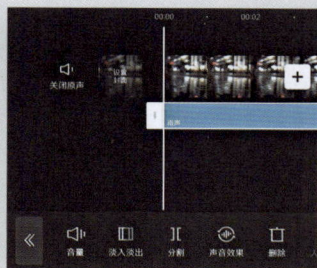

图 5-142 图 5-143

5.3 添加配音

1. 录制语音

使用剪映 App 的"录音"功能，可以实时为剪辑的短视频录制旁白。将白色显示滑杆移动到需要录音的位置，如图 5-144 所示。点击"音频"按钮，弹出相关按钮，如图 5-145 所示。点击"录音"按钮，进入录音界面，如图 5-146 所示。

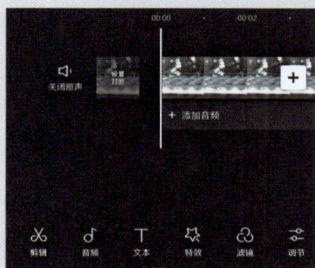 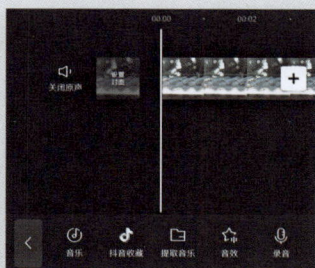 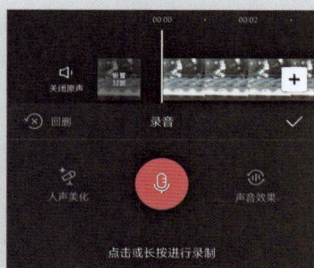

图 5-144 图 5-145 图 5-146

点击或长按话筒按钮，倒计时结束后进行录制，如图 5-147 所示。再次点击或松开话筒按钮即可结束录制，如图 5-148 所示。录制完成后，点击"√"按钮，确认操作，效果如图 5-149 所示。

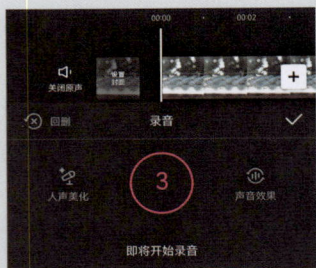
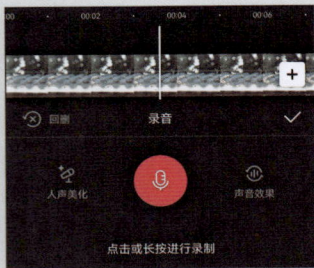
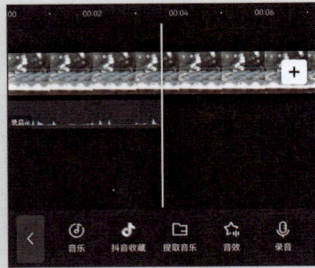

图 5-147　　　　　　　　图 5-148　　　　　　　　图 5-149

2. 字幕配音

使用剪映 App 的"文本朗读"功能，可以自动根据文字素材生成音频。在剪辑的短视频中添加并选中文字素材，在底部工具栏中向左滑动显示更多选项，如图 5-150 所示。点击"文本朗读"按钮，弹出"音色选择"选项。可以在需要的分类下选择合适的音色进行试听，如图 5-151 所示。试听完成后，点击"√"按钮，确认操作，如图 5-152 所示。

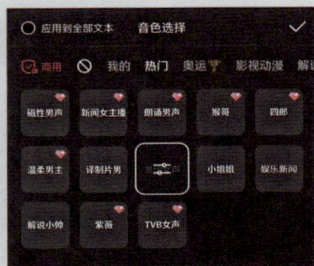
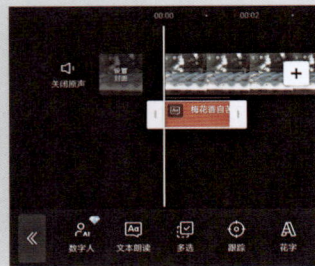

图 5-150　　　　　　　　图 5-151　　　　　　　　图 5-152

任务扩展——制作《天空之境》短视频

进行前期的风景视频的拍摄，在剪映 App 中创建并导入视频，添加音频并制作踩点，对视频素材进行剪辑并制作变速效果，添加转场、滤镜和特效，为视频素材调色，添加标题文字和音效，剪辑音频并制作淡出效果，导出并查看短视频。最终效果参看学习资源中的"项目 5\ 效果 \ 天空之境 .mp4"，如图 5-153 所示。

慕课视频

制作《天空之境》短视频 1

慕课视频

制作《天空之境》短视频 2

图 5-153

项目 6

06

延时短视频

  延时短视频是一种通过压缩时间展现事物变化过程的短视频，常见于自然景观、城市变迁、日常活动等场景，能够在短时间内展现出长时间发生的变化。本项目将详细讲解延时短视频的剪辑思路和制作技巧。在制作延时短视频时，应收集一系列按照时间顺序变化的照片或视频片段。

慕课视频

项目6
延时短视频

学习目标

知识目标	能力目标	素质目标
1. 熟练掌握制作画中画的方法。 2. 掌握为素材添加混合模式的方法。 3. 掌握添加贴纸的方法	1. 掌握《山河远阔》短视频的制作方法。 2. 掌握《秋日印象》短视频的制作方法	1. 培养具有独到见解的创造性思维。 2. 培养善于思考，勤于练习的业务能力。 3. 培养良好的艺术感知和审美意识

任务实践——制作《山河远阔》短视频

【任务目标】

延时短视频能够以独特的视角展现时间的流逝，在后期制作中合理使用滤镜和特效可以增强视频的叙事效果。本任务通过制作《山河远阔》短视频，详细讲解延时短视频的制作方法，从而制作出既有视觉冲击力又符合叙事节奏的作品。

【任务要点】

进行前期的风景视频的拍摄，在剪映 App 中导入并剪辑视频，为视频制作画中画效果，添加滤镜和特效，添加文字和贴纸，剪辑音频并制作淡出效果，导出并查看短视频。最终效果参看学习资源中的"项目 6\ 效果 \ 山河远阔 .mp4"，如图 6-1 所示。

图 6-1

【任务制作】

1. 导入并剪辑素材

（1）点击手机界面中的"剪映"图标，进入主界面，如图 6-2 所示。点击"开始创作"按钮，进入"照片视频"导入界面，如图 6-3 所示。选择 1 个视频素材，如图 6-4 所示。

图 6-2   图 6-3   图 6-4

剪映短视频剪辑与运营（全彩慕课版）

（2）点击需要的视频素材的缩览图，进入视频预览界面，如图6-5所示。点击界面左下角的"裁剪"按钮，进入"裁剪"界面，如图6-6所示。拖曳两侧的边界裁剪视频，如图6-7所示。点击"√"按钮，确认操作，返回"照片视频"导入界面。

图6-5

图6-6

图6-7

（3）使用相同的方法分别点击素材缩览图，进入"裁剪"界面，裁剪其他视频素材，如图6-8～图6-11所示。返回"照片视频"导入界面，如图6-12所示。点击"添加"按钮，进入视频制作界面，如图6-13所示。

图6-8

图6-9

图6-10

图 6-11　　　　　　　　　图 6-12　　　　　　　　　图 6-13

2. 制作画中画

（1）移动白色显示滑杆到 00:33 秒处，在底部工具栏中向左滑动显示更多选项。点击底部工具栏中的"画中画"按钮，进入"新增画中画"界面，如图 6-14 所示。

（2）点击"新增画中画"按钮，进入"照片视频"界面，选择需要的视频素材，如图 6-15 所示。点击"添加"按钮，进入视频制作界面。选择导入的视频素材，向左拖曳右侧的边界框以调整时长，如图 6-16 所示。

图 6-14　　　　　　　　　图 6-15　　　　　　　　　图 6-16

（3）在预览窗口中放大图像，如图 6-17 所示。在底部工具栏中点击"混合模式"按钮，弹出"混合模式"选项。选择"滤色"选项，设置"不透明度"的数值为 56，如图 6-18 所示。点击右下角的"√"按钮，确认操作。

（4）在底部工具栏中点击"动画"按钮，弹出"动画"选项。选择"入场动画"选项中的"缩小"，设置动画时长为1.6s，如图6-19所示。点击右下角的"√"按钮，确认操作。

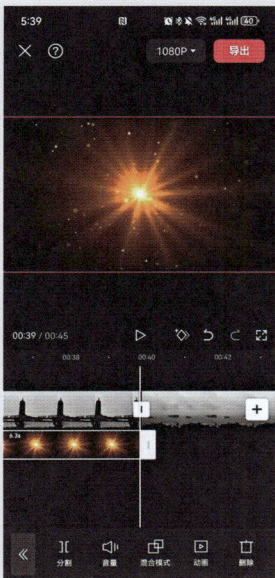

图6-17　　　　　　　　　　　图6-18　　　　　　　　　　　图6-19

3. 为素材添加滤镜和特效

（1）返回素材起始位置，连续点击底部工具栏左侧的三角按钮，显示出需要的按钮，如图6-20所示。在底部工具栏中点击"滤镜"按钮，弹出滤镜选项。选择"风景"选项中的"花园"滤镜，如图6-21所示。点击"√"按钮，确认操作，添加滤镜。向右拖曳滤镜右侧的边界框以调整时长，如图6-22所示。

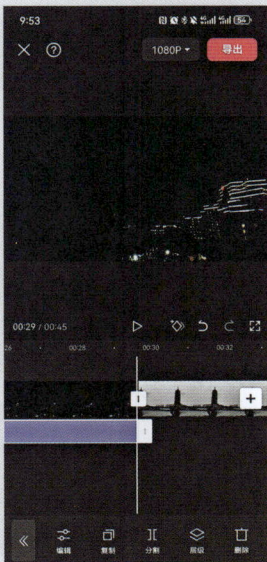

图6-20　　　　　　　　　　　图6-21　　　　　　　　　　　图6-22

（2）取消"花园"滤镜的选取状态，如图 6-23 所示。点击"新增滤镜"按钮，弹出滤镜选项。选择"风景"选项中的"幽蓝"滤镜，如图 6-24 所示。点击"√"按钮，确认操作，添加滤镜。向右拖曳滤镜右侧的边界框以调整时长，如图 6-25 所示。

图 6-23　　　　　　　　图 6-24　　　　　　　　图 6-25

（3）将白色显示滑杆移动到素材连接处，连续点击底部工具栏左侧的三角按钮，显示出需要的按钮，如图 6-26 所示。点击"特效"按钮，弹出"特效"相关按钮，如图 6-27 所示。点击"画面特效"按钮，弹出选项栏。选择"光"选项中的"彩虹光Ⅱ"特效，如图 6-28 所示。

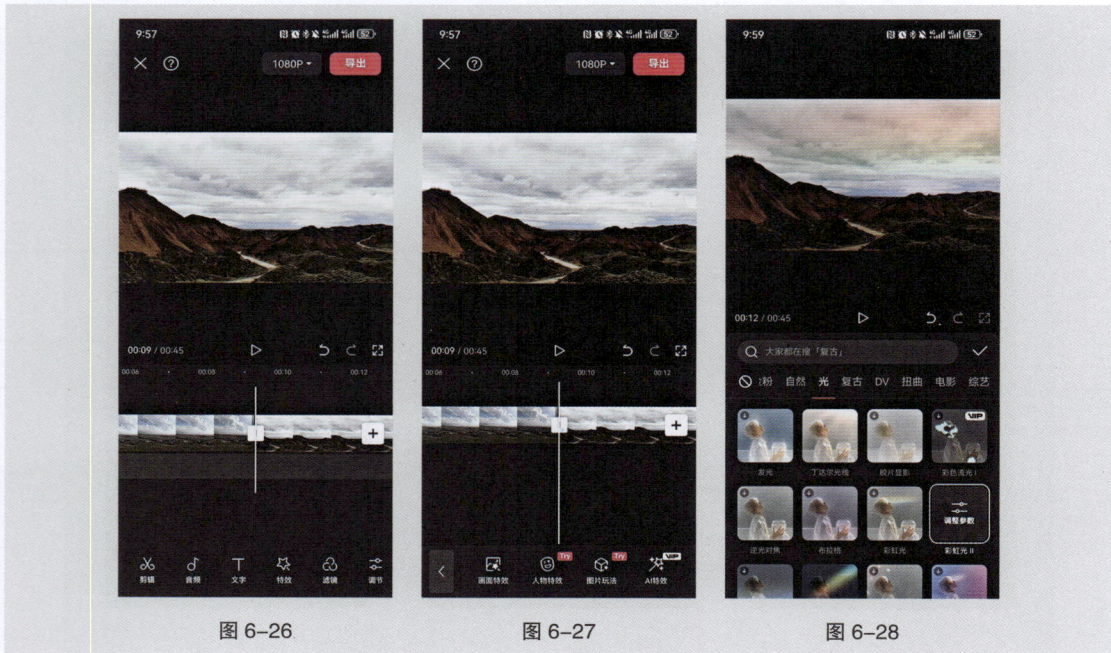

图 6-26　　　　　　　　图 6-27　　　　　　　　图 6-28

（4）点击"√"按钮，确认操作，添加特效，向右拖曳特效右侧的边界框以调整时长，如图6-29所示。

（5）取消"彩虹光Ⅱ"特效的选取状态。移动白色显示滑杆到00:24秒处。点击"画面特效"按钮，选择"Bling"选项中的"撒星星Ⅱ"特效，如图6-30所示。点击"√"按钮，确认操作，添加特效。向右拖曳特效右侧的边界框以调整时长，如图6-31所示。

图6-29　　　　　　　　　图6-30　　　　　　　　　图6-31

（6）取消"撒星星Ⅱ"特效的选取状态。将白色显示滑杆移动到素材连接处，如图6-32所示。

（7）点击"画面特效"按钮，选择"自然"选项中的"下雨"特效，如图6-33所示。再次点击特效，进入调整参数界面，设置"不透明度"的数值为50，如图6-34所示。点击"√"按钮，确认操作，添加特效。

图6-32　　　　　　　　　图6-33　　　　　　　　　图6-34

（8）向右拖曳特效右侧的边界框以调整时长，如图 6-35 所示。取消"下雨"特效的选取状态。移动白色显示滑杆到 00:34 秒处，点击"画面特效"按钮，选择"自然"选项中的"雾气光线"特效，如图 6-36 所示。

（9）再次点击特效，进入调整参数界面，设置"速度"为 12、"氛围"为 10。点击"√"按钮，确认操作，添加特效。向右拖曳特效右侧的边界框以调整时长，如图 6-37 所示。

| 图 6-35 | 图 6-36 | 图 6-37 |

4. 添加文字内容

（1）返回素材起始位置，点击底部工具栏左侧的三角按钮，显示出需要的按钮，如图 6-38 所示。点击"文字"按钮，显示相应的按钮，如图 6-39 所示。点击"文字模板"按钮，弹出模板，如图 6-40 所示。

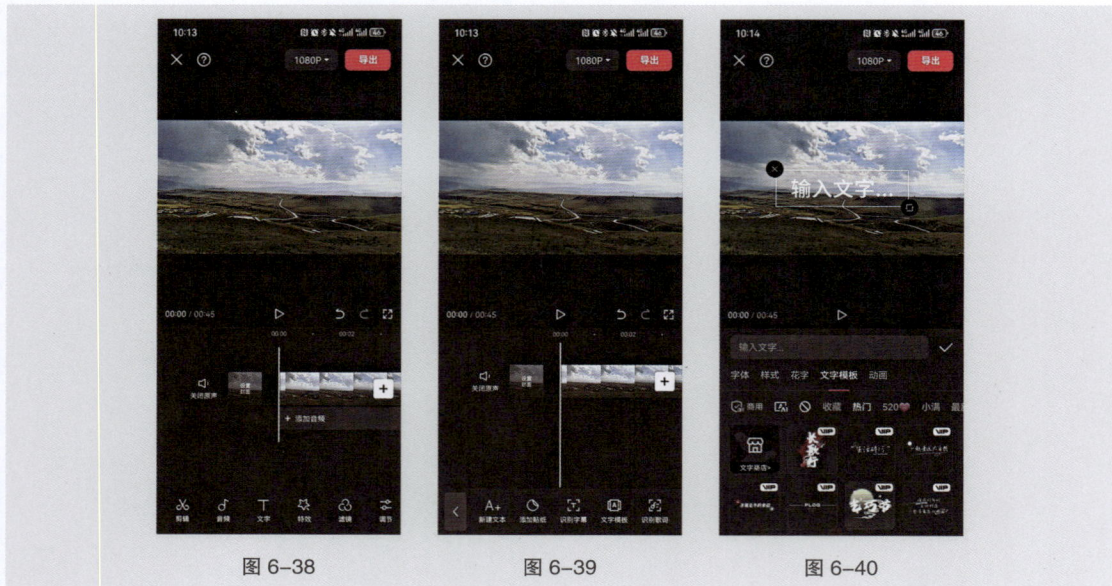

| 图 6-38 | 图 6-39 | 图 6-40 |

（2）在"旅行"模板中选择需要的模板，在预览窗口中选择文字并进行修改，缩放文字并调整位置，效果如图 6-41 所示。点击"√"按钮，确认操作。添加文字，向右拖曳文字右侧的边界框以调整时长，如图 6-42 所示。取消文字的选取状态。移动白色显示滑杆到 00:09 秒处，如图 6-43 所示。

图 6-41　　　　　　　　　图 6-42　　　　　　　　　图 6-43

（3）点击"文字模板"按钮，弹出模板。在"简约"模板中选择需要的模板，在预览窗口中选择文字并进行修改，缩放文字并调整位置，效果如图 6-44 所示。

（4）点击"√"按钮，确认操作。添加文字，并取消文字的选取状态。移动白色显示滑杆到 00:12 秒处，如图 6-45 所示。点击"文字模板"按钮，弹出模板。在"旅行"模板中选择需要的模板，在预览窗口中分别选择文字并进行修改，缩放文字并调整文字位置，如图 6-46 所示。

图 6-44　　　　　　　　　图 6-45　　　　　　　　　图 6-46

（5）点击"√"按钮，确认操作。添加的文字如图 6-47 所示。取消文字的选取状态。移动白色显示滑杆到 00∶41 秒处，如图 6-48 所示。

（6）点击"新建文本"按钮，在预览窗口中将生成文本框，输入文字并选择需要的字体，如图 6-49 所示。

<table>
<tr><td>图 6-47</td><td>图 6-48</td><td>图 6-49</td></tr>
</table>

（7）在"样式"选项中选择需要的样式，如图 6-50 所示。设置文字的描边颜色和粗细，如图 6-51 所示。在预览窗口中放大文字并调整文字位置，如图 6-52 所示。

<table>
<tr><td>图 6-50</td><td>图 6-51</td><td>图 6-52</td></tr>
</table>

（8）点击"√"按钮，确认操作。添加文字，如图6-53所示。使用相同的方法输入其他文字并调整，添加文字，如图6-54所示。分别向左拖曳文字右侧的边界框以调整时长，如图6-55所示。

| 图6-53 | 图6-54 | 图6-55 |

5. 添加并设置贴纸

（1）取消文字的选取状态。移动白色显示滑杆到00:41秒处，如图6-56所示。点击"添加贴纸"按钮，弹出的选项如图6-57所示。在"自然元素"选项中选择需要的贴纸，在预览窗口中缩放贴纸并调整贴纸位置，如图6-58所示。

| 图6-56 | 图6-57 | 图6-58 |

（2）点击"√"按钮，确认操作，添加贴纸。向左拖曳贴纸右侧的边界框以调整时长，如图 6-59 所示。使用相同的方法添加其他贴纸并调整，添加多个贴纸，如图 6-60 所示。

（3）取消贴纸的选取状态。移动白色显示滑杆到 00∶16 秒处。点击"添加贴纸"按钮，弹出选项栏。在搜索框中输入"月亮"，点击"搜索"按钮，搜索出相关贴纸，选择需要的贴纸，在预览窗口中缩放贴纸并调整贴纸位置，如图 6-61 所示。

图 6-59　　　　　　　图 6-60　　　　　　　图 6-61

（4）点击"取消"按钮，返回贴纸样式界面，点击"√"按钮，确认操作，添加贴纸。向右拖曳贴纸右侧的边界框以调整时长，如图 6-62 所示。

（5）在底部工具栏中点击"动画"按钮，弹出动画选项，如图 6-63 所示。选择"入场动画"选项中的"向上滑动"，将时长设置为 9.8s，如图 6-64 所示。点击"√"按钮，确认操作。

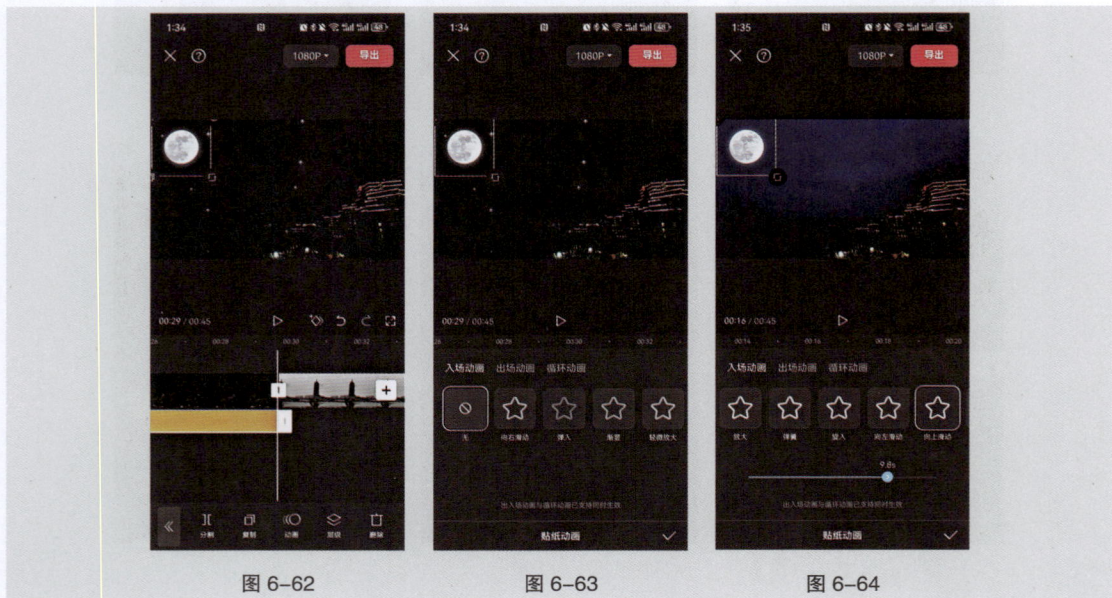

图 6-62　　　　　　　图 6-63　　　　　　　图 6-64

（6）取消贴纸的选取状态。移动白色显示滑杆到 00:17 秒处，如图 6-65 所示。点击"添加贴纸"按钮，在"炸开"选项中选择需要的贴纸，在预览窗口中缩放贴纸并调整贴纸位置，如图 6-66 所示。点击"√"按钮，确认操作，添加贴纸。

（7）取消贴纸的选取状态。点击"添加贴纸"按钮，在"炸开"选项中选择需要的贴纸，在预览窗口中缩放贴纸并调整贴纸位置，如图 6-67 所示。点击"√"按钮，确认操作，添加贴纸。

  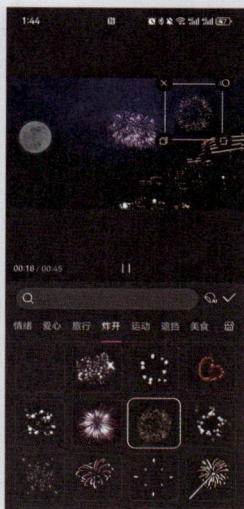

图 6-65   图 6-66   图 6-67

（8）取消贴纸的选取状态。移动白色显示滑杆到图 6-68 所示的位置。点击"添加贴纸"按钮，在"炸开"选项中选择需要的贴纸，在上方的预览窗口中缩放贴纸并调整贴纸位置，如图 6-69 所示。点击"√"按钮，确认操作，添加贴纸，如图 6-70 所示。

 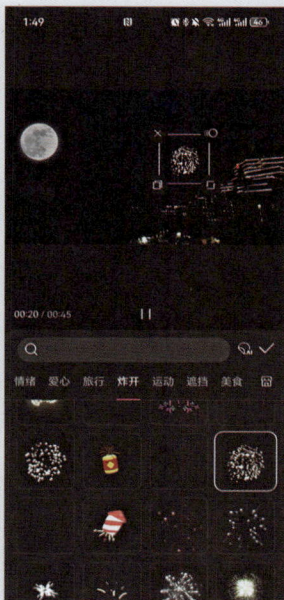 

图 6-68   图 6-69   图 6-70

6. 添加音频并制作淡出效果

（1）返回素材起始位置，连续点击底部工具栏左侧的三角按钮，显示出需要的按钮，如图6-71所示。点击"添加音频"，弹出相应的按钮，如图6-72所示。点击"音乐"按钮，进入"音乐"界面，如图6-73所示。

图6-71 图6-72 图6-73

（2）在搜索框中输入"史诗级大气音乐"，点击"搜索"按钮，搜索出相关的多个音频。点击相应的音频，可以试听音乐，如图6-74所示。

（3）点击右侧的"使用"按钮，添加选取的音频，如图6-75所示。移动白色显示滑杆到00:46秒处，选择音频并进行分割，如图6-76所示。

图6-74 图6-75 图6-76

（4）选取分割后右侧的音频，点击"删除"按钮，删除音频，如图 6-77 所示。选中音频，点击"淡入淡出"按钮，弹出"淡入淡出"选项，调整"淡出时长"选项，如图 6-78 所示。点击"√"按钮，确认操作。

图 6-77   图 6-78

7. 导出短视频

（1）预览完成后的短视频。点击上方的"1080P"，弹出导出选项设置界面，如图 6-79 所示。

（2）点击"导出"按钮，进入导出界面，如图 6-80 所示。导出完成后，点击"完成"按钮，如图 6-81 所示。可在图库 App 中回看短视频。

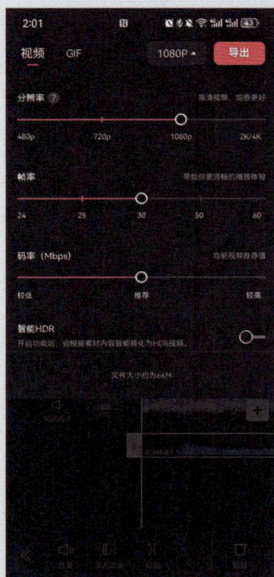

图 6-79   图 6-80   图 6-81

任务知识

6.1 制作画中画

画中画功能可以使同一个窗口中出现多个画面，实现同步播放。在为视频添加画中画效果后，可以形成多条轨道，因此画中画功能通常与"混合模式""蒙版"等功能结合使用，可以为画面进行合成操作，制作出很多创意视频。

导入需要的视频素材，在底部工具栏中向左滑动显示更多按钮，如图6-82所示。点击"画中画"按钮，进入"新增画中画"界面，如图6-83所示。点击"新增画中画"按钮，进入"照片视频"界面，选择需要的视频素材，点击"添加"按钮，即可为视频添加画中画效果，如图6-84所示。

图 6-82

图 6-83

图 6-84

6.2 混合模式

混合模式的原理是通过不同的方式将两个画面之间的颜色混合，从而生成新的画面效果。

剪映App为用户提供了多种混合模式，其中"变暗""正片叠底""线性加深""颜色加深"4种混合模式适合处理底色为白色的素材，"滤色""变亮""颜色减淡"3种混合模式适合处理底色为黑色的素材。除此之外，还有"叠加""强光""柔光"3种混合模式，需要在制作短视频的过程中灵活使用。

导入需要的视频素材，并为其添加需要的画中画效果，如图6-85所示。在底部工具栏中点击"混合模式"按钮，弹出"混合模式"选项，如图6-86所示。选择"滤色"选项，可以根据需要滑动圆形滑块调整混合模式的强度，如图6-87所示。点击"√"按钮，确认操作，即可为风景视频添加光晕效果。

图 6-85 图 6-86 图 6-87

6.3 添加贴纸

当用户觉得视频的画面过于单调时，可以尝试添加符合主题的贴纸进行点缀，使画面生动有趣。

导入需要的视频素材，点击底部工具栏中的"文本"按钮，显示相应的按钮，如图 6-88 所示。点击"添加贴纸"按钮，弹出贴纸选项，如图 6-89 所示。可以根据需要添加多个贴纸，如图 6-90 所示。点击"√"按钮，确认操作，在时间轴区域生成可调整时长和位置的贴纸。

图 6-88 图 6-89 图 6-90

任务扩展——制作《秋日印象》短视频

进行前期的风景视频的拍摄，在剪映 App 中创建并导入视频，对视频素材进行剪辑，添加转场和特效，为视频素材添加滤镜并调色，添加标题文字和贴纸，剪辑音频并制作淡出效果，导出并查看短视频。最终效果参看学习资源中的"项目 6\ 效果 \ 秋日印象 .mp4"，如图 6-91 所示。

图 6-91

剪映短视频剪辑与运营（全彩慕课版）

07

项目 7
文创短视频

文创短视频旨在通过高级的剪辑手法，将文化元素和创意内容融入短视频中，传递更深层次的文化价值。这种形式因便捷、直观、易于传播的特点，逐渐成为保护和传播传统文化的重要手段。本项目将详细讲解文创短视频的剪辑思路和制作技巧。在制作文创短视频时，要明确短视频的主题和目标，进行充分的调研和收集资料，对文化背景、相关历史、制作工艺等方面进行深入了解，以确保视频内容的准确性和真实性。

慕课视频

项目 7
文创短视频

学习目标

知识目标	能力目标	素质目标
1. 掌握为视频添加蒙版的技巧。 2. 掌握制作关键帧动画的方法。 3. 掌握为视频抠像的方法	1. 掌握《古毯修复》短视频的制作方法。 2. 掌握《篆刻艺术》短视频的制作方法	1. 培养具有主观能动性的学习能力。 2. 培养不断实践和探索专业知识的能力。 3. 培养创造性思维

任务 | 制作文创短视频

任务实践——制作《古毯修复》短视频

【任务目标】

文创短视频通常使用简短有力的视觉叙述，记录和传播各种文化遗产、传统技艺和社会风貌。本任务通过制作《古毯修复》短视频，详细讲解文创短视频的制作方法，实现对文化遗产的有效传播和推广。

【任务要点】

进行前期的古毯修复视频的拍摄，在剪映 App 中导入并剪辑视频，对视频素材进行变速，使用多种蒙版工具为视频制作画中画效果，为视频添加特效并调色，添加标题文字，剪辑音频并制作淡出效果，导出并查看短视频。最终效果参看学习资源中的"项目 7 \ 效果 \ 古毯修复 .mp4"，如图 7-1 所示。

图 7-1

【任务制作】

1. 导入并剪辑素材

（1）点击手机界面中的"剪映"图标，进入主界面，如图 7-2 所示。点击"开始创作"按钮，进入"照片视频"导入界面，如图 7-3 所示。选择 1 个素材文件，如图 7-4 所示。

图 7-2   图 7-3   图 7-4

（2）点击需要的视频素材的缩览图，进入视频预览界面，如图 7-5 所示。点击界面左下角的"裁剪"按钮，进入"裁剪"界面，拖曳左侧的边界裁剪视频，如图 7-6 所示。点击"√"按钮，确认操作，返回"照片视频"导入界面，如图 7-7 所示。

图 7-5

图 7-6

图 7-7

（3）使用相同的方法分别点击视频素材缩览图，进入"裁剪"界面，剪辑其他视频素材，如图 7-8～图 7-12 所示。返回"照片视频"导入界面，点击"添加"按钮，进入视频制作界面，如图 7-13 所示。

图 7-8

图 7-9

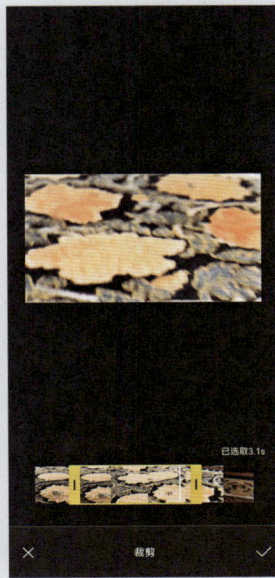
图 7-10

图 7-11

图 7-12

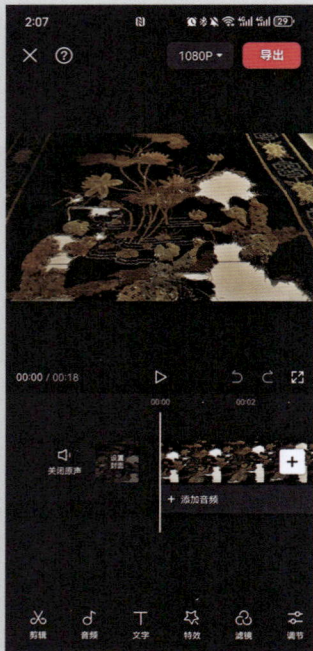

图 7-13

2. 为素材制作变速效果

（1）选择需要的视频素材，如图 7-14 所示。点击底部工具栏中的"变速"按钮，弹出相应的按钮，如图 7-15 所示。点击"常规变速"按钮，进入常规调整界面，向左滑动圆形滑块到 0.6x，如图 7-16 所示。点击"√"按钮，确认操作。

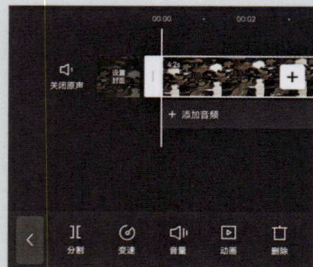

图 7-14

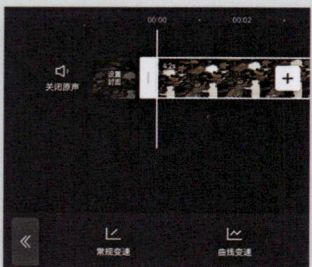

图 7-15

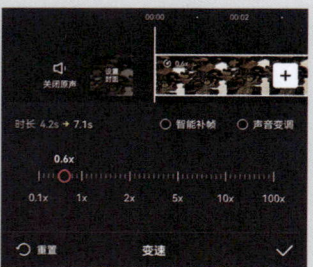

图 7-16

（2）选择需要的视频素材，用相同的方法调整变速为 0.5x，如图 7-17 所示。点击"√"按钮，确认操作。

（3）选择需要的视频素材，用相同的方法调整变速为 0.6x，如图 7-18 所示。点击"√"按钮，确认操作。

（4）选择需要的视频素材，用相同的方法调整变速为 0.5x，如图 7-19 所示。点击"√"按钮，确认操作。

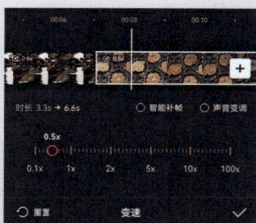
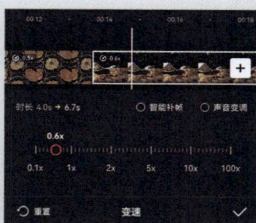
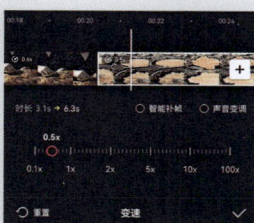

| 图 7-17 | 图 7-18 | 图 7-19 |

（5）选择需要的视频素材，用相同的方法调整变速为 0.5x，如图 7-20 所示。点击"√"按钮，确认操作。

（6）选择需要的视频素材，用相同的方法调整变速为 0.4x，如图 7-21 所示。点击"√"按钮，确认操作。

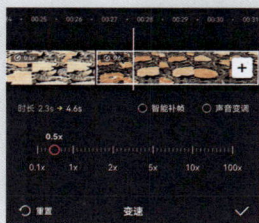
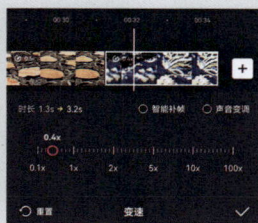

| 图 7-20 | 图 7-21 |

3. 添加画中画和蒙版

（1）返回素材起始处，在底部工具栏中向左滑动显示更多按钮，如图 7-22 所示。点击底部工具栏中的"画中画"按钮，进入"新增画中画"界面，如图 7-23 所示。点击"新增画中画"按钮，进入"照片视频"界面，选择需要的视频素材，如图 7-24 所示。

| 图 7-22 | 图 7-23 | 图 7-24 |

（2）点击视频素材的缩览图，进入视频预览界面，如图7-25所示，点击界面左下角的"裁剪"按钮，进入"裁剪"界面，拖曳左右两侧的裁剪框裁剪视频，如图7-26所示。点击"√"按钮，确认操作，返回"照片视频"界面，如图7-27所示。

128

| 图7-25 | 图7-26 | 图7-27 |

（3）点击右下角的"添加"按钮，将视频素材添加到主界面中。在底部工具栏中向左滑动显示更多按钮，如图7-28所示。点击"变速"按钮，弹出变速相应按钮，如图7-29所示。点击"常规变速"按钮，弹出变速选项，向左滑动圆形滑块到0.6x，如图7-30所示。点击"√"按钮，确认操作。

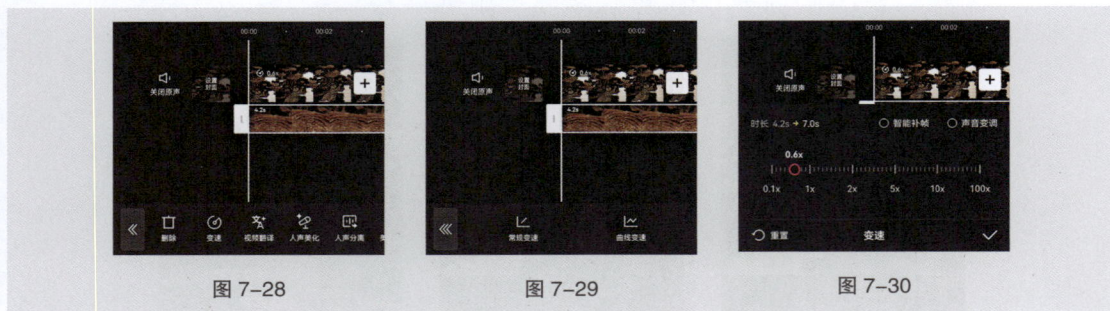

| 图7-28 | 图7-29 | 图7-30 |

（4）在预览窗口中放大图像并调整位置，在底部工具栏中向左滑动显示更多按钮，如图7-31所示。点击"蒙版"按钮，弹出"蒙版"选项，如图7-32所示。选择"圆形"蒙版，如图7-33所示。

（5）在预览窗口中调整蒙版的大小和位置。再次点击蒙版，进入调整参数界面，分别调整"位置""大小""羽化"选项，如图7-34～图7-36所示。点击 ◉ 按钮，返回"蒙版"选项。点击"√"按钮，确认操作。

图 7-31

图 7-32

图 7-33

图 7-34

图 7-35

图 7-36

（6）取消视频素材的选取状态。移动白色显示滑杆到 00:07 秒处，如图 7-37 所示。点击底部工具栏中的"新增画中画"按钮，进入"照片视频"界面，选择需要的视频素材，如图 7-38 所示。

（7）点击视频素材的缩览图，进入视频预览界面。点击界面左下角的"裁剪"按钮。进入"裁剪"界面，拖曳右侧的裁剪框裁剪视频，如图 7-39 所示。点击"√"按钮，确认操作，返回"照片视频"界面。

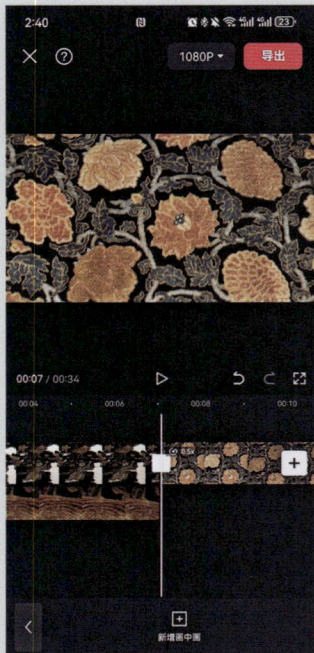
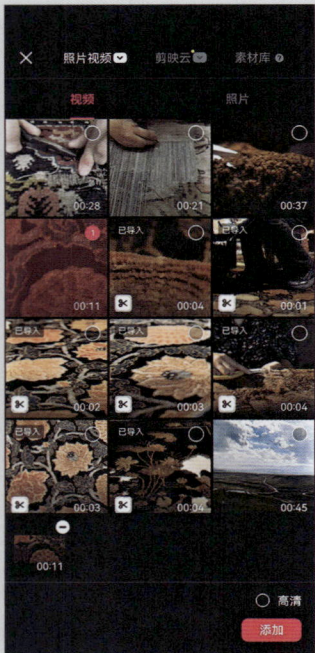
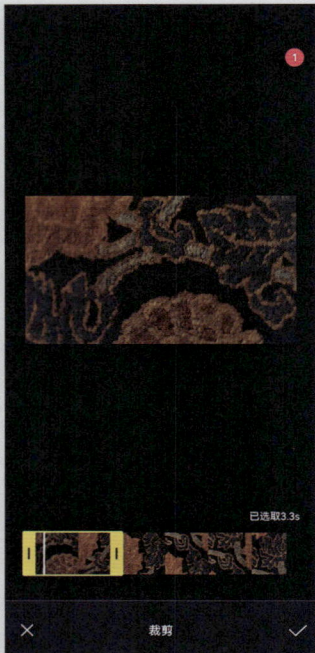

图 7-37　　　　　　　　　　图 7-38　　　　　　　　　　图 7-39

（8）点击右下角的"添加"按钮，将视频素材添加到主界面中，如图 7-40 所示。在底部工具栏中向左滑动显示更多按钮，点击"变速"按钮，弹出变速相应按钮，如图 7-41 所示。点击"常规变速"按钮，弹出变速选项，向左滑动圆形滑块到 0.5x，如图 7-42 所示。点击"√"按钮，确认操作。

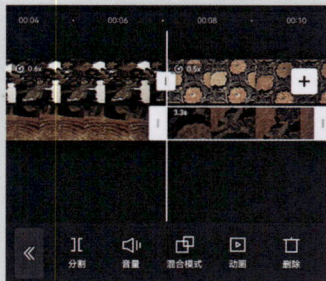
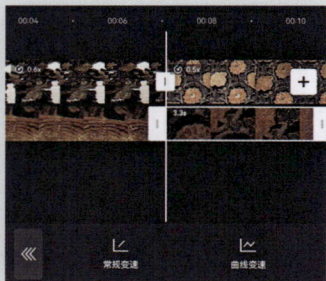
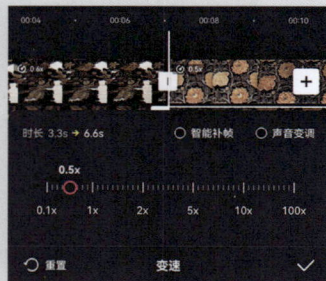

图 7-40　　　　　　　　　　图 7-41　　　　　　　　　　图 7-42

（9）在预览窗口中放大图像并调整位置，在底部工具栏中向左滑动显示更多按钮，如图 7-43 所示。点击"蒙版"按钮，弹出"蒙版"选项，如图 7-44 所示。选择"线性"蒙版，再次点击蒙版，进入调整参数界面，设置"旋转"选项，如图 7-45 所示。

（10）设置"羽化"选项，如图 7-46 所示。点击右上角的按钮 ⊙ ，返回"蒙版"选项。在预览窗口中调整蒙版位置，如图 7-47 所示。点击"√"按钮，确认操作。点击关键帧按钮，添加关键帧，如图 7-48 所示。

图 7-43

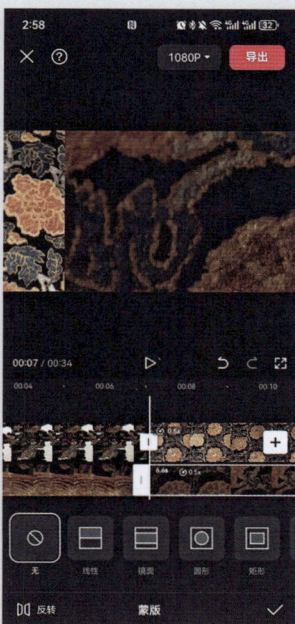

图 7-44

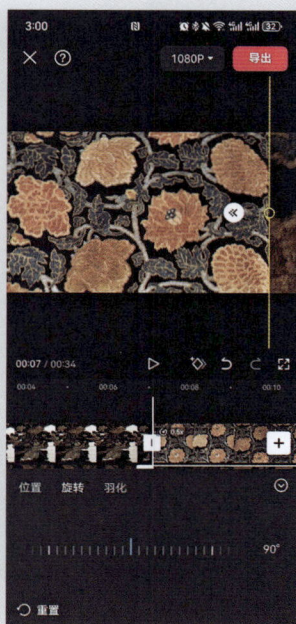

图 7-45

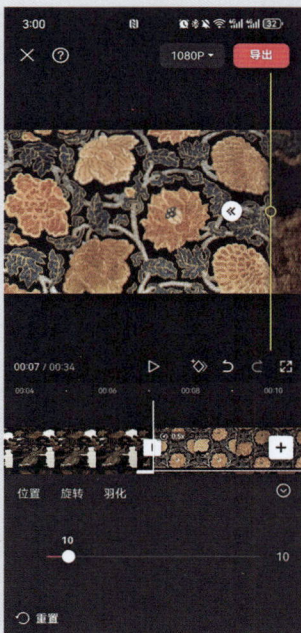

图 7-46

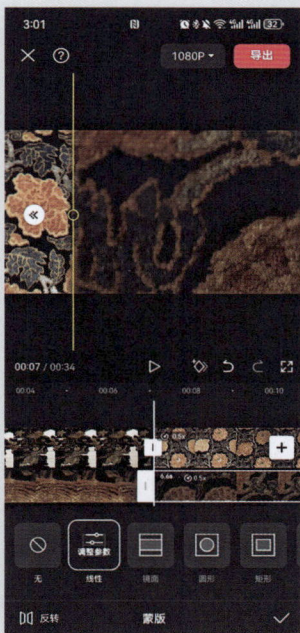

图 7-47

图 7-48

（11）移动白色显示滑杆到 00:11 秒处，点击关键帧按钮，添加关键帧，如图 7-49 所示。点击"蒙版"按钮，弹出"蒙版"选项，在预览窗口中调整蒙版位置，如图 7-50 所示。点击"√"按钮，确认操作。取消视频素材的选取状态。移动白色显示滑杆到图 7-51 所示的位置。

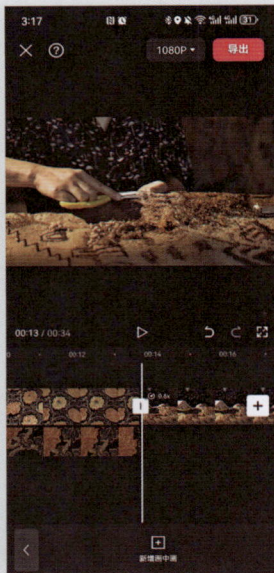

图 7-49   图 7-50   图 7-51

（12）点击底部工具栏中的"新增画中画"按钮，进入"照片视频"界面，选择需要的视频素材，如图 7-52 所示。点击视频素材的缩览图，进入视频预览界面。点击界面左下角的"裁剪"按钮，进入"裁剪"界面，拖曳右侧的裁剪框裁剪视频，如图 7-53 所示，点击"√"按钮，确认操作。

（13）返回"照片视频"界面，点击右下角的"添加"按钮，将视频素材添加到主界面中，如图 7-54 所示。

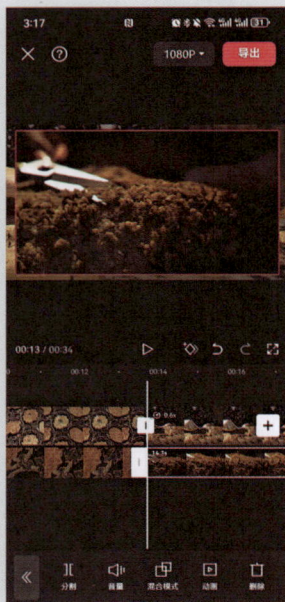

图 7-52   图 7-53   图 7-54

剪映短视频剪辑与运营（全彩慕课版）

（14）在底部工具栏中向左滑动显示更多按钮，点击"变速"按钮，弹出变速相应按钮，如图 7-55 所示。点击"常规变速"按钮，弹出变速选项，向右滑动圆形滑块到 2.0x，如图 7-56 所示。点击"√"按钮，确认操作。

（15）移动白色显示滑杆到 00:20 秒处，选择并分割视频素材。选中分割后右侧的视频素材，点击"删除"按钮，删除视频素材，如图 7-57 所示。

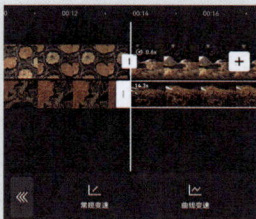 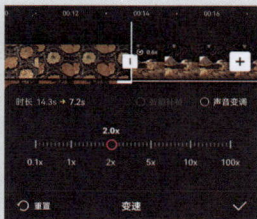 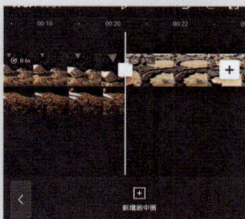

图 7-55　　　　　　　　图 7-56　　　　　　　　图 7-57

（16）在预览窗口中缩小图像并调整位置，在底部工具栏中向左滑动显示更多按钮，如图 7-58 所示。点击"蒙版"按钮，弹出"蒙版"选项，选择"圆形"蒙版。在预览窗口中调整蒙版的大小和位置。再次点击蒙版，进入调整参数界面，设置"位置"选项，如图 7-59 所示。设置"大小"选项，如图 7-60 所示。

图 7-58　　　　　　　　图 7-59　　　　　　　　图 7-60

（17）设置"羽化"选项，如图 7-61 所示。点击右上角的按钮 ⊙，返回"蒙版"选项。点击"√"按钮，确认操作。

（18）将白色显示滑杆移动到素材连接处，点击底部工具栏左侧的三角按钮，显示出需要的按钮。点击"特效"按钮，弹出特效相关按钮，如图 7-62 所示。点击"画面特效"按钮，选择"基础"选项中的"模糊"特效，如图 7-63 所示。

图 7-61   图 7-62   图 7-63

（19）再次点击特效，进入调整参数界面，设置"模糊度"为100，如图7-64所示。点击"√"按钮，确认操作，添加特效。向右拖曳特效右侧的边界框以调整时长，如图7-65所示。

（20）取消特效的选取状态，点击底部工具栏左侧的三角按钮，显示相应的按钮。移动白色显示滑杆到00:20秒处。点击底部工具栏中的"画中画"按钮，进入"新增画中画"界面，如图7-66所示。

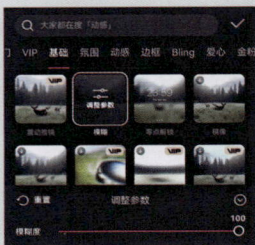
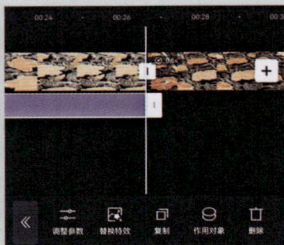
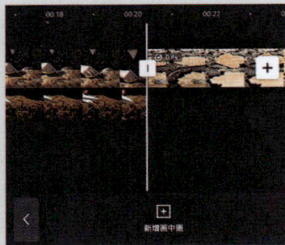

图 7-64   图 7-65   图 7-66

（21）点击"新增画中画"按钮，进入"照片视频"界面。选择需要的视频素材，如图7-67所示。点击视频素材的缩览图，进入视频预览界面，如图7-68所示。点击界面左下角的"裁剪"按钮，进入"裁剪"界面，拖曳左右两侧的裁剪框裁剪视频，如图7-69所示。点击"√"按钮，确认操作，返回"照片视频"界面。点击右下角的"添加"按钮，将视频素材添加到主界面中。

（22）在底部工具栏中向左滑动显示更多按钮，如图7-70所示。点击"变速"按钮，弹出变速相应按钮，如图7-71所示。点击"常规变速"按钮，弹出变速选项，向左滑动圆形滑块到0.8x，如图7-72所示。点击"√"按钮，确认操作。

图 7-67　　　　　　　　　　图 7-68　　　　　　　　　　图 7-69

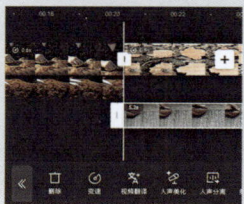
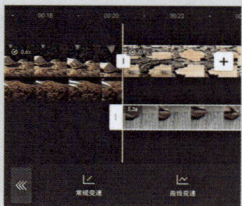
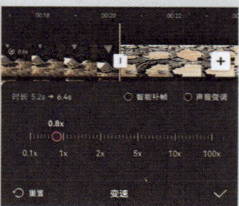

图 7-70　　　　　　　　　　图 7-71　　　　　　　　　　图 7-72

（23）在预览窗口中缩小图像并调整位置。在底部工具栏中向左滑动显示更多按钮，如图 7-73 所示。点击"蒙版"按钮，弹出"蒙版"选项，选择"矩形"蒙版，如图 7-74 所示。再次点击蒙版，进入调整参数界面，设置"位置"选项，如图 7-75 所示。

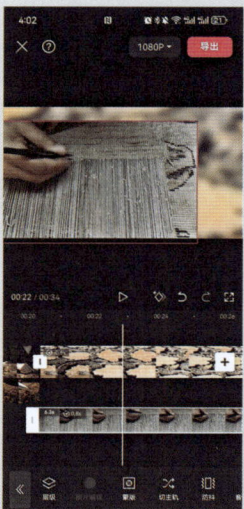
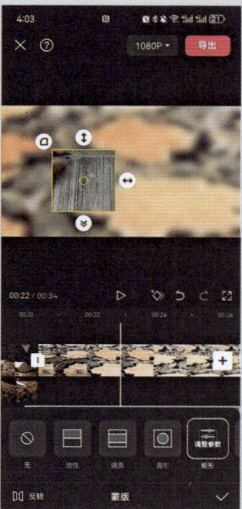
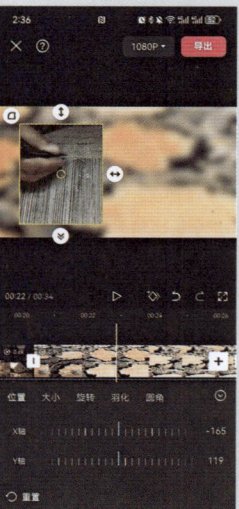

图 7-73　　　　　　　　　　图 7-74　　　　　　　　　　图 7-75

（24）分别设置"大小""羽化""圆角"选项，如图7-76～图7-78所示。点击右上角的按钮 ⊙，返回"蒙版"选项。点击"√"按钮，确认操作。

  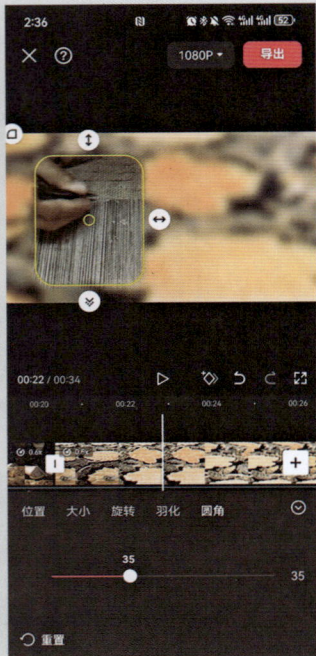

图 7-76   图 7-77   图 7-78

（25）在底部工具栏中向右滑动显示更多按钮，如图7-79所示。点击"动画"按钮，弹出动画选项，如图7-80所示。选择"入场动画"选项中的"渐显"，将时长设置为1.2s，如图7-81所示。点击"√"按钮，确认操作。

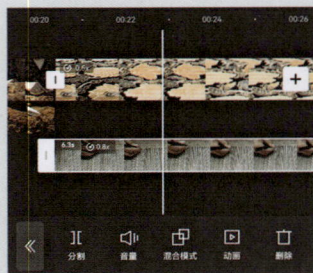 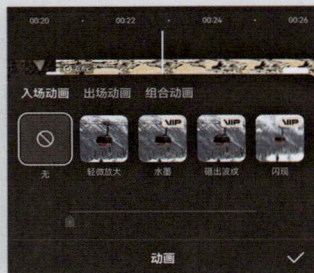 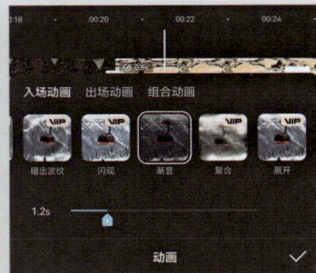

图 7-79   图 7-80   图 7-81

（26）取消视频素材的选取状态。移动白色显示滑杆到00:22秒处，如图7-82所示。点击底部工具栏中的"新增画中画"按钮，进入"照片视频"界面，选择需要的视频素材，如图7-83所示。点击视频素材的缩览图，进入视频预览界面，点击界面左下角的"裁剪"按钮，进入"裁剪"界面，拖曳左右两侧的裁剪框裁剪视频，如图7-84所示。

图 7-82	图 7-83	图 7-84

（27）点击"√"按钮，确认操作。返回"照片视频"界面，点击右下角的"添加"按钮，将视频素材添加到主界面中。在底部工具栏中向左滑动显示更多按钮，如图 7-85 所示。

（28）点击"变速"按钮，弹出变速相应按钮。点击"常规变速"按钮，弹出变速选项，向左滑动圆形滑块到 0.8x，如图 7-86 所示。点击"√"按钮，确认操作。

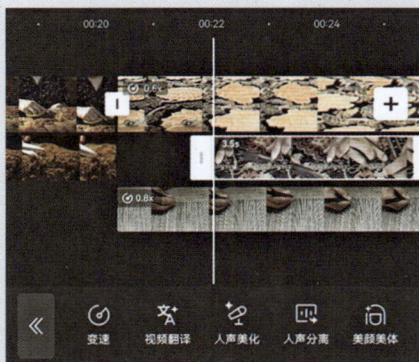
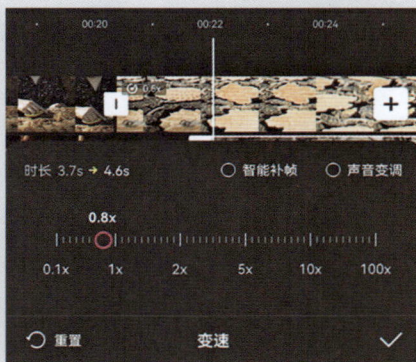

图 7-85	图 7-86

（29）在预览窗口中缩小图像并调整位置。在底部工具栏中向左滑动显示更多按钮，如图 7-87 所示。点击"蒙版"按钮，弹出"蒙版"选项，选择"矩形"蒙版，如图 7-88 所示。再次点击蒙版，进入调整参数界面，设置"位置"选项，如图 7-89 所示。

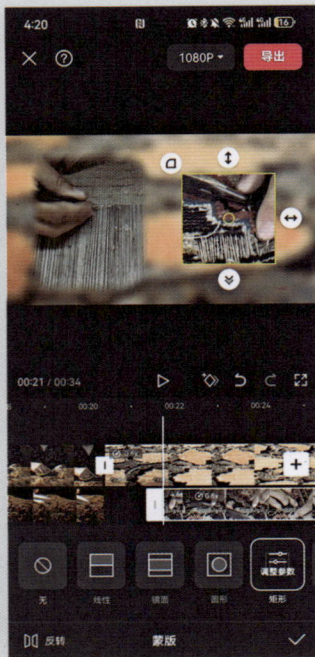
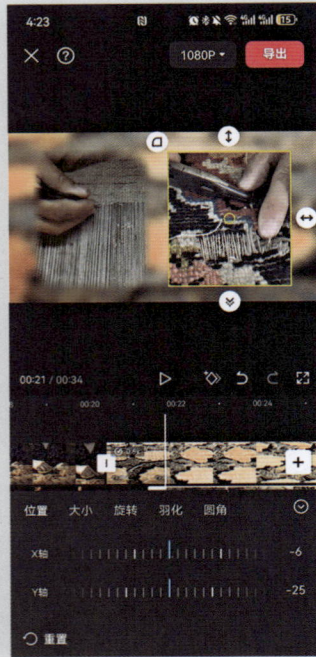

图 7-87	图 7-88	图 7-89

（30）分别设置"大小""羽化""圆角"选项，如图 7-90～图 7-92 所示。点击右上角的按钮，返回"蒙版"选项。点击"√"按钮，确认操作。

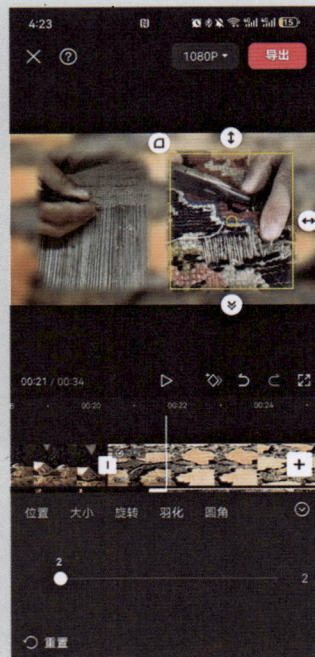

图 7-90	图 7-91	图 7-92

（31）在底部工具栏中向右滑动显示更多按钮，如图7-93所示。点击"动画"按钮，弹出动画选项，选择"入场动画"选项中的"渐显"，将时长设置为1.2s，如图7-94所示。点击"√"按钮，确认操作。选中视频素材，向右拖曳右侧的边界框以调整时长，如图7-95所示。

图7-93   图7-94   图7-95

4. 添加并设置调色

（1）返回素材起始位置，点击底部工具栏左侧的三角按钮，显示出需要的按钮，如图7-96所示。点击"调节"按钮，弹出"调节"选项。将"对比度"选项设置为22，如图7-97所示；将"饱和度"选项设置为24，如图7-98所示。

图7-96   图7-97   图7-98

（2）将"锐化"选项设置为15，如图7-99所示；将"高光"选项设置为-10，如图7-100所示；将"阴影"选项设置为13，如图7-101所示。

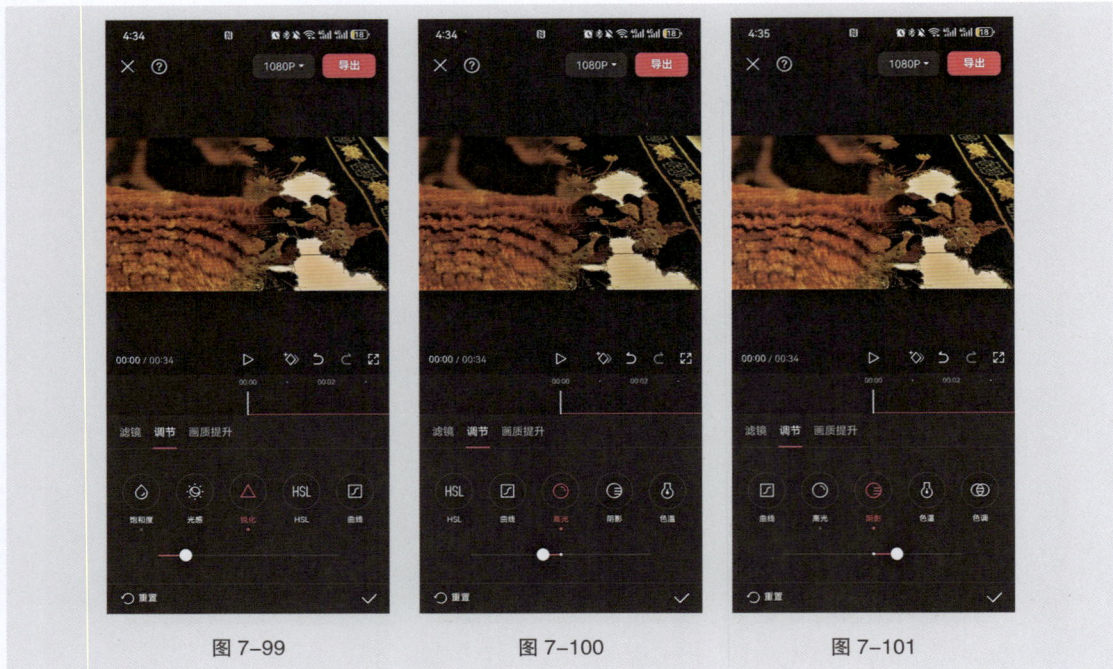

图 7-99　　　　　　　　图 7-100　　　　　　　　图 7-101

（3）将"褪色"选项设置为35，如图7-102所示。点击"√"按钮，确认操作，在时间轴区域生成"调节1"，如图7-103所示。取消"调节1"的选取状态。移动白色显示滑杆到00:07秒处。点击"新增调节"按钮，弹出"调节"选项。将"对比度"选项设置为5，如图7-104所示。

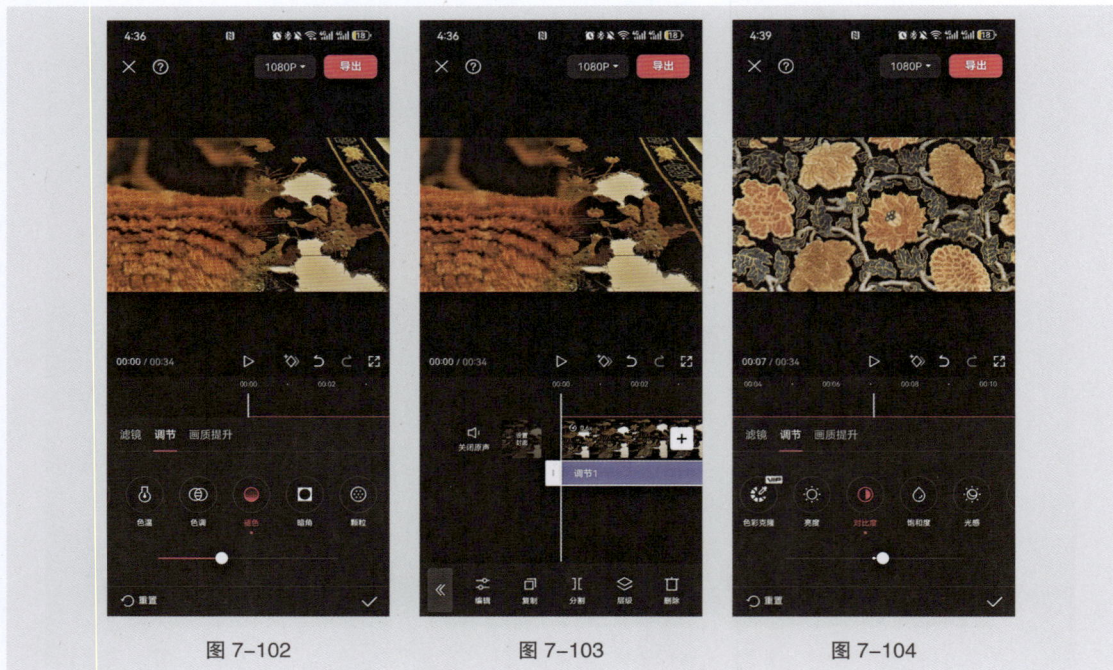

图 7-102　　　　　　　　图 7-103　　　　　　　　图 7-104

（4）将"饱和度"选项设置为10，如图7-105所示；将"色温"选项设置为8，如图7-106所示；将"色调"选项设置为-10，如图7-107所示。

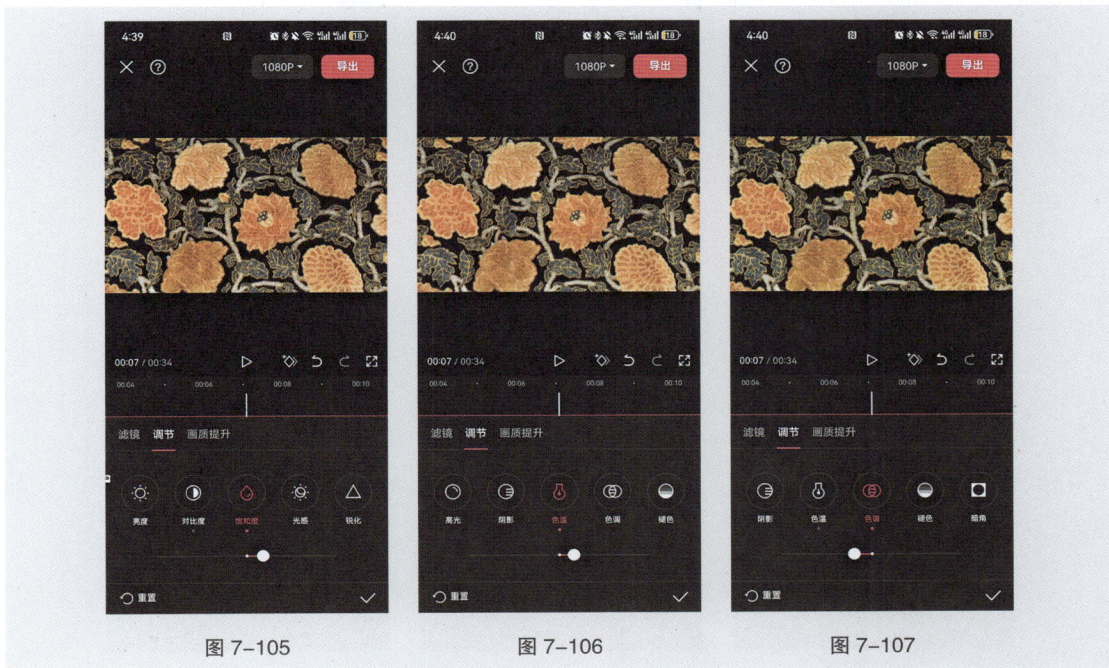

图7-105 图7-106 图7-107

（5）点击"√"按钮，确认操作，在时间轴区域生成"调节2"，如图7-108所示。向右拖曳"调节2"右侧的边界框以调整时长，取消"调节2"的选取状态，如图7-109所示。

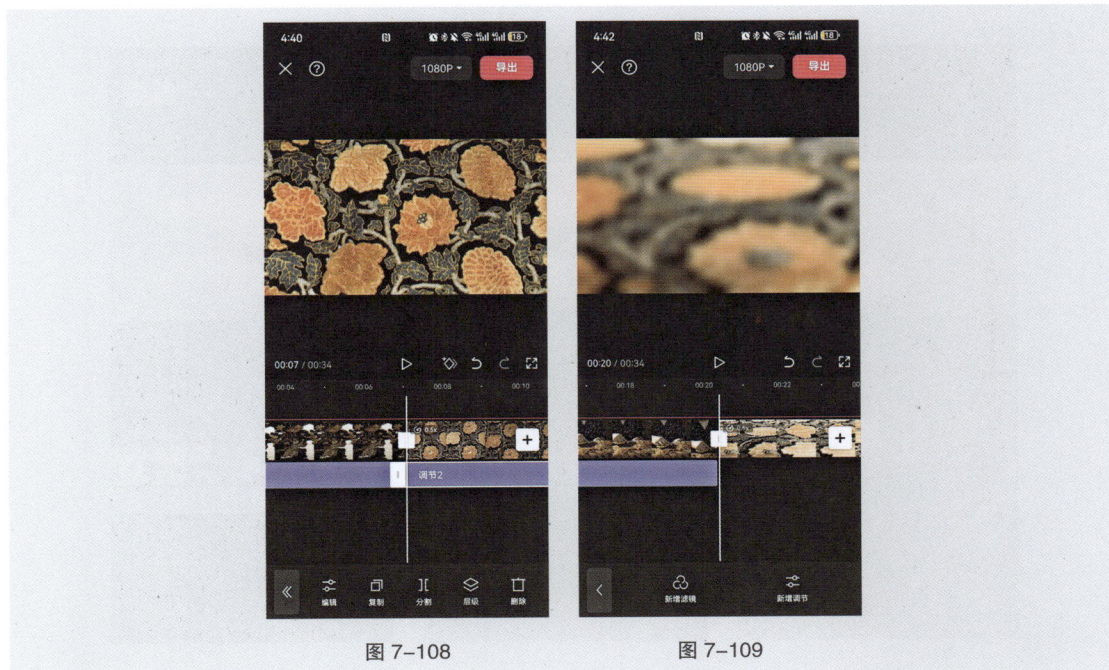

图7-108 图7-109

（6）移动白色显示滑杆到00:20秒处。点击"新增调节"按钮，弹出"调节"选项。将"亮度"选项设置为11，如图7-110所示；将"对比度"选项设置为20，如图7-111所示；将"饱和度"选项设置为10，如图7-112所示。

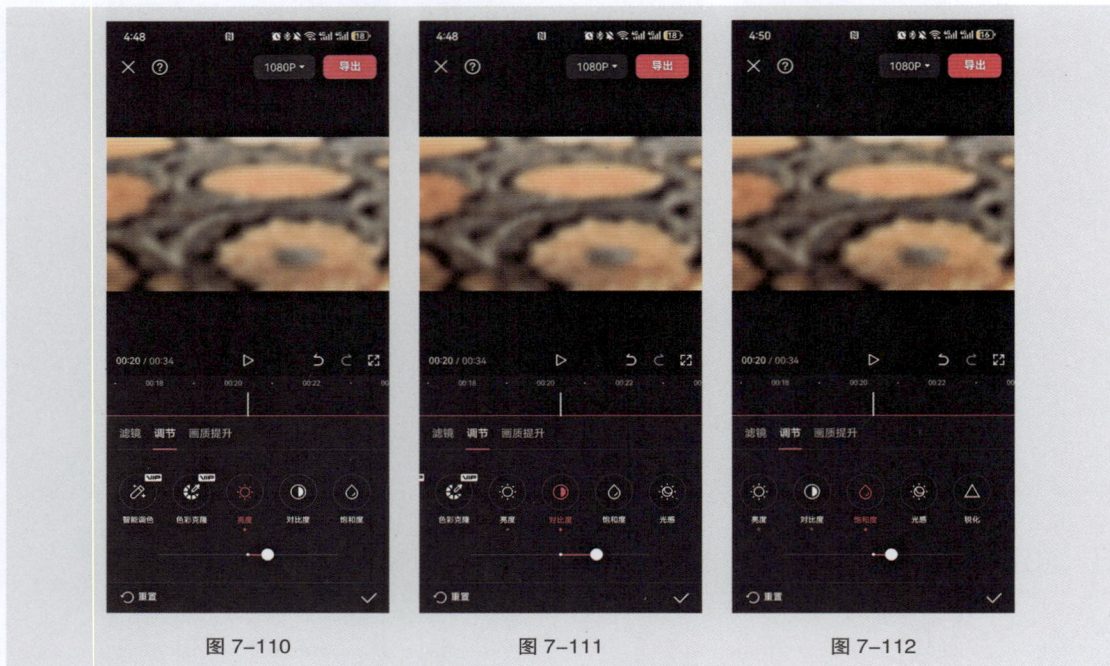

图7-110　　　　　　　　　　图7-111　　　　　　　　　　图7-112

（7）将"高光"选项设置为−20，如图7-113所示；将"阴影"选项设置为−10，如图7-114所示。点击"√"按钮，确认操作，在时间轴区域生成"调节3"，如图7-115所示。

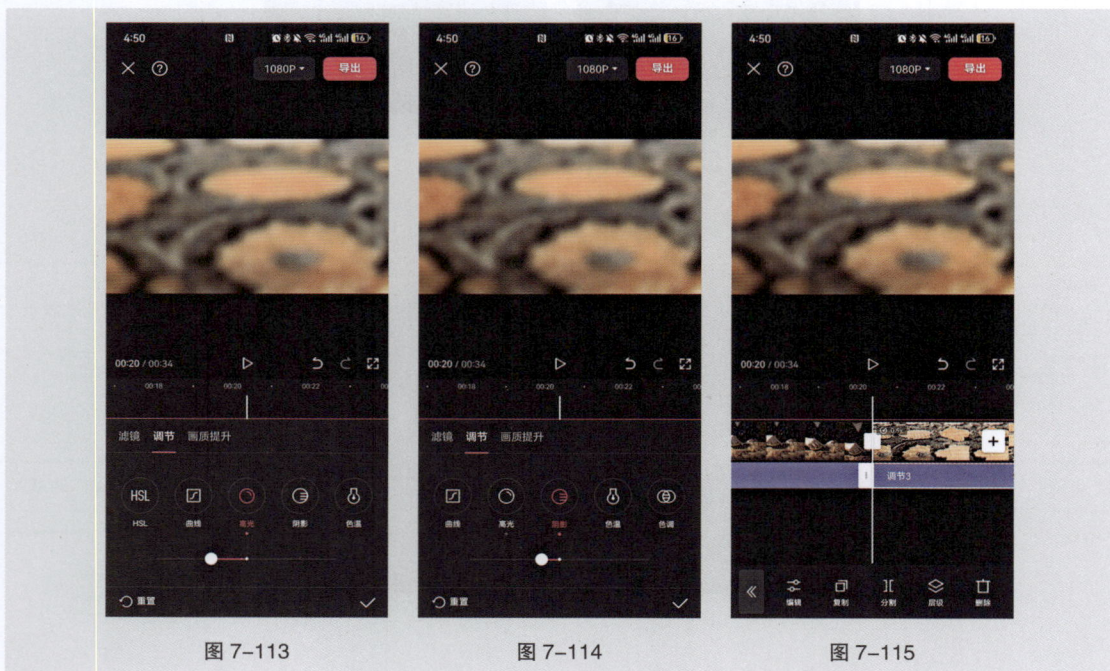

图7-113　　　　　　　　　　图7-114　　　　　　　　　　图7-115

（8）取消"调节3"的选取状态。移动白色显示滑杆到00:26秒处，点击"新增调节"按钮，弹出"调节"选项。将"亮度"选项设置为8，如图7-116所示；将"对比度"选项设置为10，如图7-117所示；将"饱和度"选项设置为7，如图7-118所示。

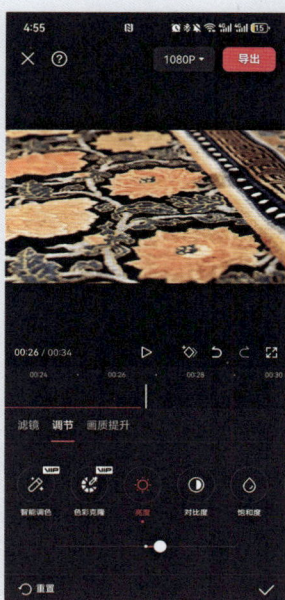

图 7-116   图 7-117   图 7-118

（9）将"高光"选项设置为7，如图7-119所示；将"阴影"选项设置为9，如图7-120所示。点击"√"按钮，确认操作，在时间轴区域生成"调节4"，如图7-121所示。

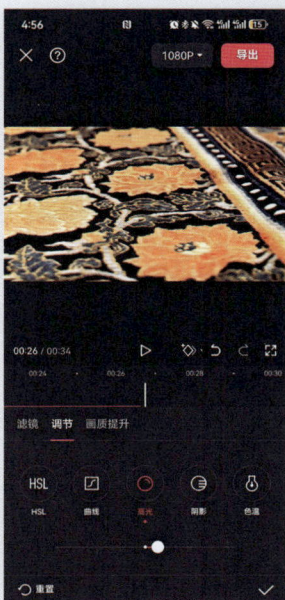

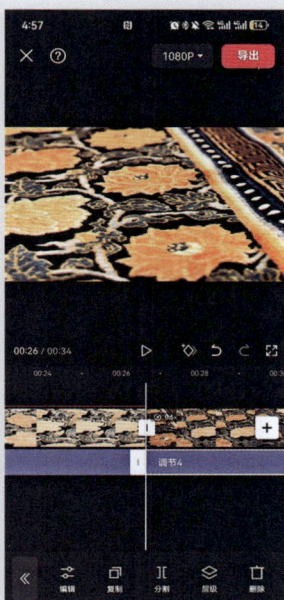

图 7-119   图 7-120   图 7-121

（10）取消"调节4"的选取状态。移动白色显示滑杆到00:31秒处，点击"新增调节"按钮，弹出"调节"选项。将"亮度"选项设置为8，如图7-122所示；将"对比度"选项设置为6，如图7-123所示；将"饱和度"选项设置为15，如图7-124所示。点击"√"按钮，确认操作，在时间轴区域生成"调节5"。

图 7-122   图 7-123   图 7-124

5. 添加标题文字

（1）返回素材起始位置，点击底部工具栏左侧的三角按钮，显示出需要的按钮，如图7-125所示。点击"文字"按钮，显示相应的按钮，如图7-126所示。点击"文字模板"按钮，弹出模板。在"手写字"模板中选择需要的模板，效果如图7-127所示。

图 7-125   图 7-126   图 7-127

（2）在预览窗口中分别选择文字并进行修改，如图 7-128 所示。再在预览窗口中缩放文字并调整文字位置，如图 7-129 所示。点击"√"按钮，确认操作。添加文字。向右拖曳文字右侧的边界框以调整时长，如图 7-130 所示。

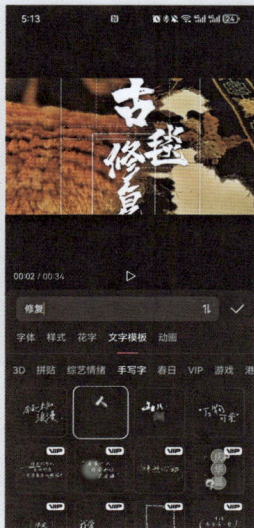  

图 7-128   图 7-129   图 7-130

6. 添加并剪辑音频

（1）返回素材起始位置，连续点击底部工具栏左侧的三角按钮，显示出需要的按钮，如图 7-131 所示。点击"音频"，弹出相应的按钮，如图 7-132 所示。

（2）点击"音乐"按钮，进入"音乐"界面。在搜索框中输入"古风纯音乐"，点击"搜索"按钮，搜索出相关的多个音频。点击相应的音频，可以试听音频，如图 7-133 所示。

图 7-131   图 7-132   图 7-133

（3）点击右侧的"使用"按钮，添加选取的音频。移动白色显示滑杆到 00:34 秒处，选择音频并进行分割，如图 7-134 所示。

（4）选取分割后右侧的音频，点击"删除"按钮，删除音频。选中音频，如图 7-135 所示。点击"淡入淡出"按钮，弹出"淡入淡出"选项，设置"淡出时长"选项，如图 7-136 所示。点击"√"按钮，确认操作。

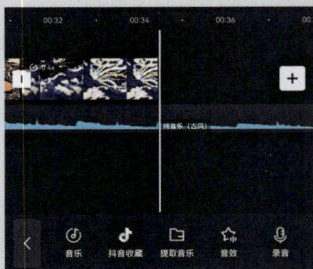
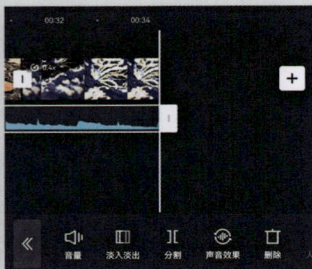
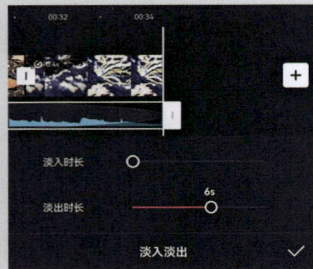

图 7-134　　　　　　　　　　图 7-135　　　　　　　　　　图 7-136

7. 导出短视频

（1）预览完成后的短视频。点击上方的"1080P"，弹出导出选项设置界面，如图 7-137 所示。

（2）点击"导出"按钮，进入导出界面，如图 7-138 所示。导出完成后，点击"完成"按钮，如图 7-139 所示。可在图库 App 中回看短视频。

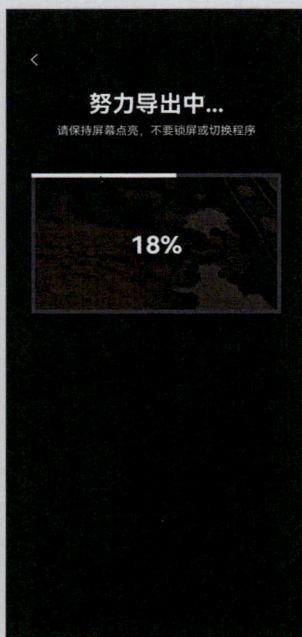

图 7-137　　　　　　　　　　图 7-138　　　　　　　　　　图 7-139

任务知识

7.1 添加蒙版

　　蒙版又被称为遮罩，是编辑短视频时非常实用的功能，能有效地遮挡部分画面或显示部分画面。

　　导入并选中需要添加蒙版的素材，在底部工具栏中向左滑动显示更多按钮，如图 7-140 所示。点击"蒙版"按钮，弹出选项栏，如图 7-141 所示。点击需要添加的蒙版，即可将蒙版应用到所选素材中，如图 7-142 所示。

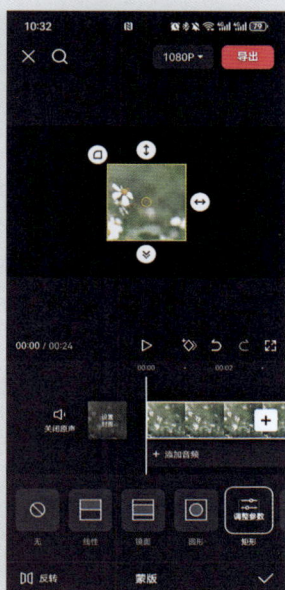

| 图 7-140 | 图 7-141 | 图 7-142 |

　　再次点击蒙版，进入调整参数界面，如图 7-143 所示。可以对蒙版进行"位置""大小""旋转""羽化""圆角"等各项参数的设置，如图 7-144 所示；也可直接在预览窗口中进行手动操作，其中不同蒙版所对应的参数会有部分不同。

　　除此之外，点击右上角的按钮 ⊙，返回"蒙版"选项，点击界面左下角的"反转"按钮，蒙版区域将被遮挡，其他区域会显现出来，如图 7-145 所示。

7.2 关键帧

　　如果在一条视频轨道中添加了两个关键帧，并且在第二个关键帧处修改了显示效果，那么在播放两个关键帧之间的轨道时，第一个关键帧所在位置的效果将会逐渐转变为第二个关键帧所在位置的效果。

1. 位置关键帧

　　通过设置位置关键帧，可以调整素材的显示位置。在视频轨道中选中需要添加位置关键帧的素材，如图 7-146 所示。点击界面中的关键帧按钮，添加第一个关键帧，如图 7-147 所示。移动白色显示滑杆到 00:06 秒处，在预览窗口中调整素材的位置后，自动生成第二个关键帧，如图 7-148 所示。

 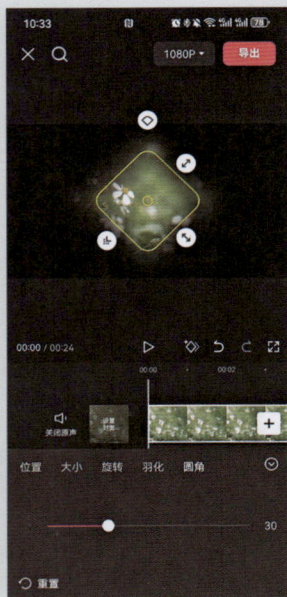 

图 7-143   图 7-144   图 7-145

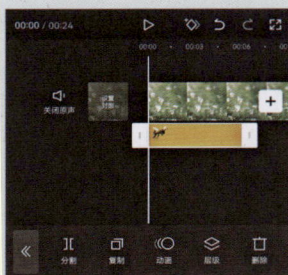 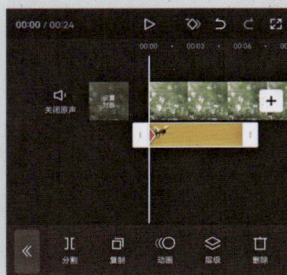 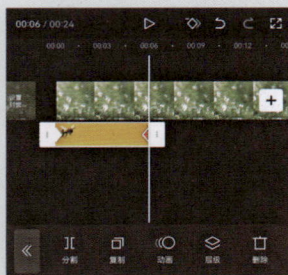

图 7-146   图 7-147   图 7-148

最终播放效果如图 7-149 所示。

图 7-149

2. 缩放关键帧

通过设置缩放关键帧，可以调整素材的显示大小。其设置方法与位置关键帧基本一致，需要在第二个关键帧中调整素材大小。最终播放效果如图 7-150 所示。

图 7-150

3. 旋转关键帧

通过设置旋转关键帧，可以调整素材的显示角度。其设置方法与位置关键帧基本一致，需要在第二个关键帧中调整素材的角度。最终播放效果如图 7-151 所示。

图 7-151

4. 透明度关键帧

通过设置透明度关键帧，可以制作出淡入淡出的特殊效果。在视频轨道中选中需要添加透明度关键帧的素材，在底部工具栏中向左滑动显示更多按钮，点击界面中的关键帧按钮，添加第一个关键帧，如图 7-152 所示。点击"不透明度"按钮，弹出选项并进行设置，如图 7-153 所示。移动白色显示滑杆到 00:06 秒处，在设置"不透明度"选项后，自动生成第二个关键帧，如图 7-154 所示。

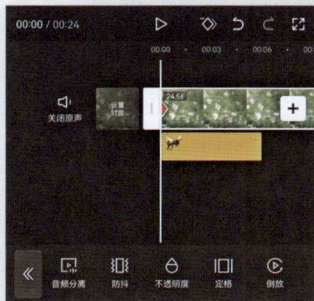  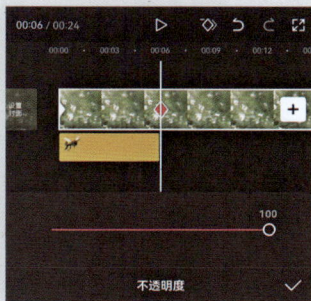

图 7-152　　　　　　　　图 7-153　　　　　　　　图 7-154

最终播放效果如图 7-155 所示。

图 7-155

7.3 视频抠像

很多时候我们只需要视频画面中的部分素材，这时就可以使用剪映 App 的抠像功能。

在视频轨道中选中需要抠像的素材，在底部工具栏中向左滑动显示更多按钮，如图 7-156 所示。点击"抠像"按钮，弹出相应按钮，如图 7-157 所示。

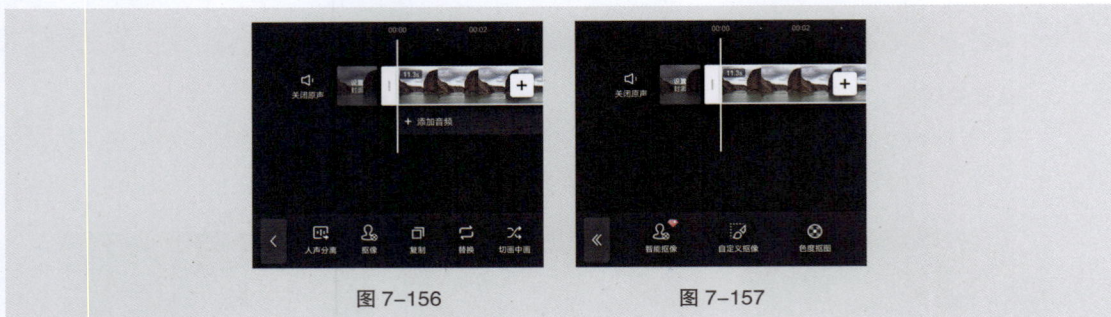

图 7-156　　　　　　　　图 7-157

1. 智能抠像

"智能抠像"功能适用于背景单一，需要抠像的主体和背景区别比较明显的情况。

"智能抠像"功能的操作方法非常简单，点击"智能抠像"按钮，即可自动抠像，如图 7-158 所示。同时弹出相应按钮，点击"抠像描边"按钮，弹出"抠像描边"选项，如图 7-159 所示，可以为抠出的图像设置描边的类型、颜色、大小和透明度等，如图 7-160 所示。选择好需要抠像的区域后，点击"√"按钮，确认操作。

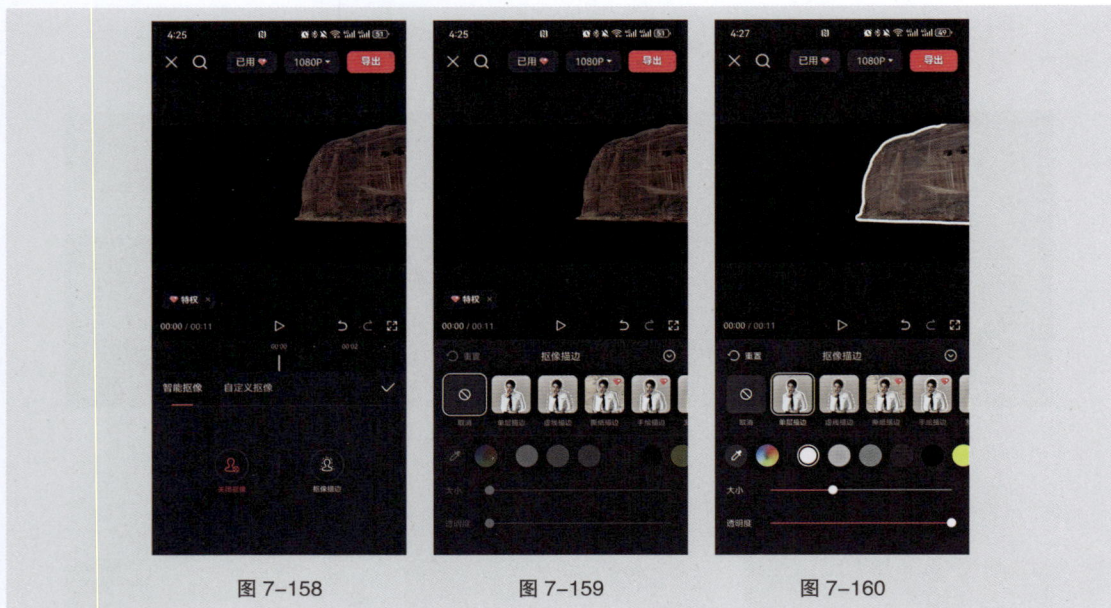

图 7-158　　　　　　　　图 7-159　　　　　　　　图 7-160

2. 自定义抠像

如果需要抠像的主体和背景区别不明显，"智能抠像"功能则无法准确地抠出我们需要的图像，这时通常使用"自定义抠像"功能进行抠像。

点击"自定义抠像"按钮，弹出选项栏，如图 7-161 所示。使用"快速画笔"工具在预览窗口中快速选择需要抠像的区域，可以根据需要滑动圆形滑块调整画笔大小，如图 7-162 所示。"画笔"工具通常用于选择边界比较模糊的图像，"快速擦除"工具可以将多选取的部分擦除。选择好需要抠像的区域后，点击"√"按钮，确认操作，效果如图 7-163 所示。

| 图 7-161 | 图 7-162 | 图 7-163 |

3. 色度抠图

"色度抠图"功能通常需要结合绿幕或蓝幕素材使用。

添加并选中需要的画中画素材，点击"色度抠图"按钮，弹出选项栏，如图 7-164 所示。在预览窗口中，将"取色器"移动到绿色的画面上，如图 7-165 所示。根据需要滑动圆形滑块，调整"强度""阴影""边缘羽化""边缘清除"选项，如图 7-166 所示。选择好需要抠像的区域后，点击"√"按钮，确认操作。

| 图 7-164 | 图 7-165 | 图 7-166 |

任务扩展——制作《篆刻艺术》短视频

进行前期的视频的拍摄，在剪映 App 中创建并导入视频，对视频素材进行剪辑，添加转场和特效，为视频素材添加滤镜并调色，添加标题文字和贴纸，剪辑音频并制作淡出效果，导出并查看短视频。最终效果参看学习资源中的"项目 7\ 效果 \ 篆刻艺术 .mp4"，如图 7–167 所示。

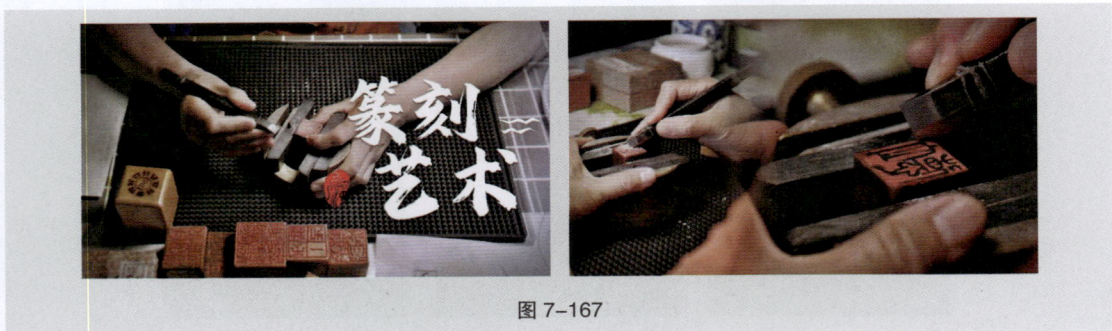

图 7–167

08

项目 8

生活短视频

生活短视频是一种通过社交媒体平台分享日常生活片段的短视频，它们通常包含个人或家庭的日常活动、旅行经历、美食制作、生活技巧分享等内容。本项目将详细讲解生活短视频的剪辑思路和制作技巧。在制作生活短视频时，可以根据个人喜好设计视频的整体风格，如色调、字幕、画面特效等，但应避免过度使用特效，保持统一的风格。

慕课视频

项目 8
生活短视频

学习目标

知识目标	能力目标	素质目标
1. 掌握为视频设置画面比例的方法。 2. 掌握为视频设置背景的方法。 3. 掌握为视频添加字幕的方法	1. 掌握《清新时光》短视频的制作方法。 2. 掌握《冬日时光》短视频的制作方法	1. 培养具有主观能动性的学习能力。 2. 培养加工处理并合理使用知识的能力。 3. 培养具有独到见解的创造性思维

任务 制作生活短视频

任务实践——制作《清新时光》短视频

【任务目标】

生活短视频因其真实性和亲近感而受到广大观众的喜爱，能够为人们提供娱乐、启发和共鸣。本任务通过制作《清新时光》短视频，详细讲解生活短视频的制作方法，通过高质量的画面和音频提升观众的观看体验，增强视频的感染力。

【任务要点】

进行前期的风景照片的拍摄，在剪映 App 中导入并调整照片，设置视频比例，为画面添加动画、转场、特效和滤镜，为画面调色，添加标题文字，剪辑音频并制作淡出效果，识别并设置歌词，导出并查看短视频。最终效果参看学习资源中的"项目 8\效果\清新时光 .mp4"，如图 8-1 所示。

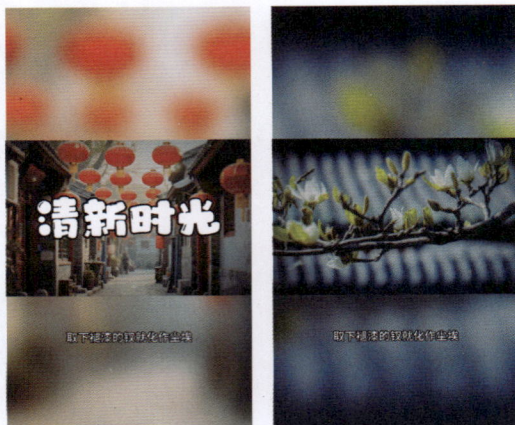

图 8-1

【任务制作】

1. 导入并调整素材

（1）点击手机界面中的"剪映"图标，进入主界面，如图 8-2 所示。点击"开始创作"按钮，进入"照片视频"导入界面。

（2）选择需要的 7 个照片素材，如图 8-3 所示，点击"添加"按钮，进入视频制作界面，如图 8-4 所示。

图 8-2   图 8-3   图 8-4

慕课视频

制作《清新时光》短视频

剪映短视频剪辑与运营（全彩慕课版）

（3）选择需要的视频素材，如图8-5所示，向左拖曳视频素材右侧的边界框以调整时长，如图8-6所示。使用相同的方法调整其他视频素材的时长，并在预览窗口中适当放大图像，如图8-7～图8-12所示。

图8-5

图8-6

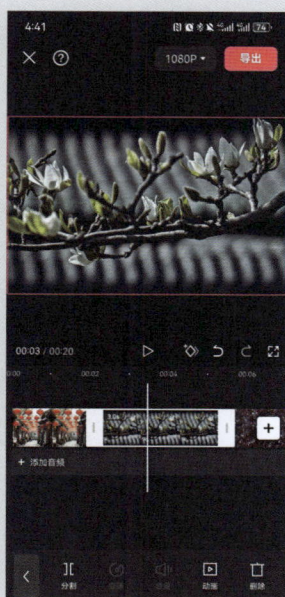

图8-7

图8-8

图8-9

图8-10

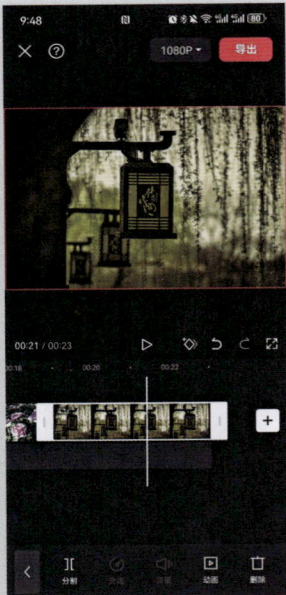

图 8-11 图 8-12

2. 设置画面比例并添加画布

（1）返回素材起始处，取消视频素材的选取状态。在底部工具栏中向左滑动显示更多按钮，如图 8-13 所示。

（2）点击"比例"按钮，在弹出的选项中选择"9∶16"，如图 8-14 所示。点击界面右下角的"√"按钮，确认操作。点击"背景"按钮，弹出相应的按钮，如图 8-15 所示。

图 8-13 图 8-14 图 8-15

（3）点击"画布模糊"按钮，弹出画布模糊选项。选择需要的画布模糊选项，如图 8-16 所示。点击"全局应用"按钮，如图 8-17 所示。点击界面右下角的"√"按钮，确认操作。

图 8-16   图 8-17

3. 添加动画和转场

（1）选择需要的视频素材，如图 8-18 所示，点击底部工具栏中的"动画"按钮，弹出"动画"选项。在"入场"动画选项中，选择"动感缩小"动画，设置动画时长为 1.0s，如图 8-19 所示，点击界面右下角的"√"按钮，确认操作。

图 8-18   图 8-19

（2）选择需要的视频素材，点击底部工具栏中的"动画"按钮，弹出"动画"选项。在"入场"动画选项中，选择"向右上甩入"动画，设置动画时长为1.1s，如图8-20所示，点击界面右下角的"√"按钮，确认操作。

（3）选择需要的视频素材，点击底部工具栏中的"动画"按钮，弹出"动画"选项。在"入场"动画选项中，选择"轻微抖动"动画，设置动画时长为1.0s，如图8-21所示，点击界面右下角的"√"按钮，确认操作。

（4）选择需要的视频素材，点击底部工具栏中的"动画"按钮，弹出"动画"选项。在"入场"动画选项中，选择"向左上甩入"动画，设置动画时长为0.7s，如图8-22所示，点击界面右下角的"√"按钮，确认操作。

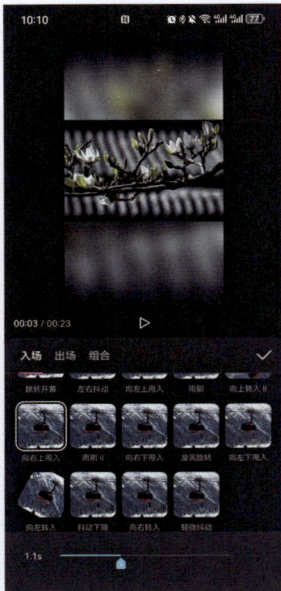

图 8-20

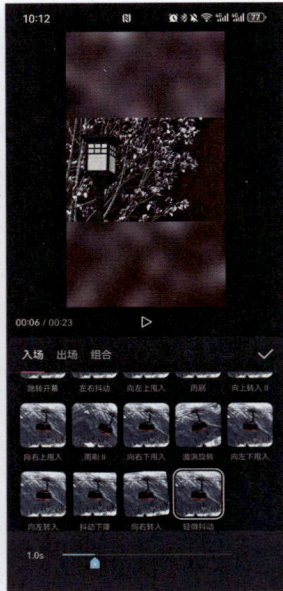

图 8-21

（5）选择需要的视频素材，点击底部工具栏中的"动画"按钮，弹出"动画"选项。在"入场"动画选项中，选择"雨刷"动画，设置动画时长为0.8s，如图8-23所示，点击界面右下角的"√"按钮，确认操作。

图 8-22

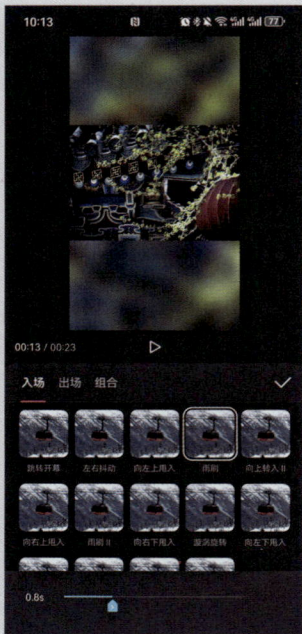

图 8-23

剪映短视频剪辑与运营（全彩慕课版）

（6）选择需要的视频素材，点击底部工具栏中的"动画"按钮，弹出"动画"选项。在"入场"动画选项中，选择"钟摆"动画，设置动画时长为1.0s，如图8-24所示，点击界面右下角的"√"按钮，确认操作。

（7）选择需要的视频素材，点击底部工具栏中的"动画"按钮，弹出"动画"选项。在"入场"动画选项中，选择"向右上甩入"动画，设置动画时长为1.6s，如图8-25所示，点击界面右下角的"√"按钮，确认操作。

（8）在"出场"动画选项中，选择"渐隐"动画，设置动画时长为0.5s，如图8-26所示，点击界面右下角的"√"按钮，确认操作。

 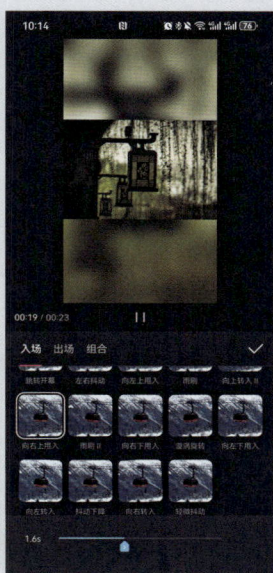 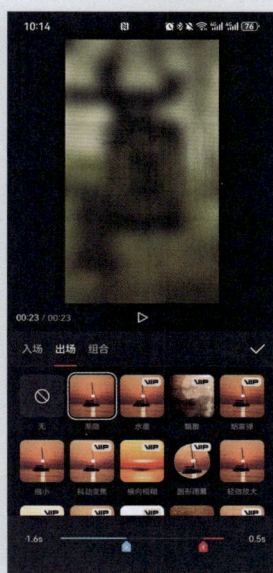

图 8-24　　　　　　　　　图 8-25　　　　　　　　　图 8-26

（9）将白色显示滑杆移动到素材连接处，如图8-27所示。点击素材连接处的标志。弹出"转场"选项。选择"运镜"选项中的"推近"转场，将转场时长设置为0.5s，如图8-28所示。点击界面右下角的"√"按钮，确认操作。将白色显示滑杆移动到素材连接处，如图8-29所示。

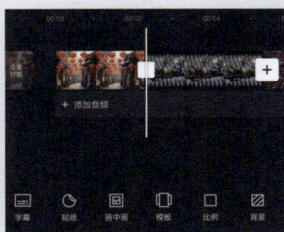 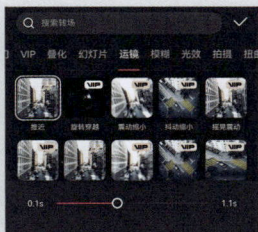 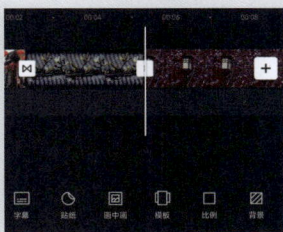

图 8-27　　　　　　　　　图 8-28　　　　　　　　　图 8-29

（10）点击素材连接处的标志。弹出"转场"选项。选择"运镜"选项中的"拉远"转场，将转场时长设置为0.5s，如图8-30所示。点击界面右下角的"√"按钮，确认操作。

（11）将白色显示滑杆移动到素材连接处，如图8-31所示。点击素材连接处的标志。弹出"转场"选项。选择"模糊"选项中的"粒子"转场，将转场时长设置为0.7s，如图8-32所示。点击界面右下角的"√"按钮，确认操作。

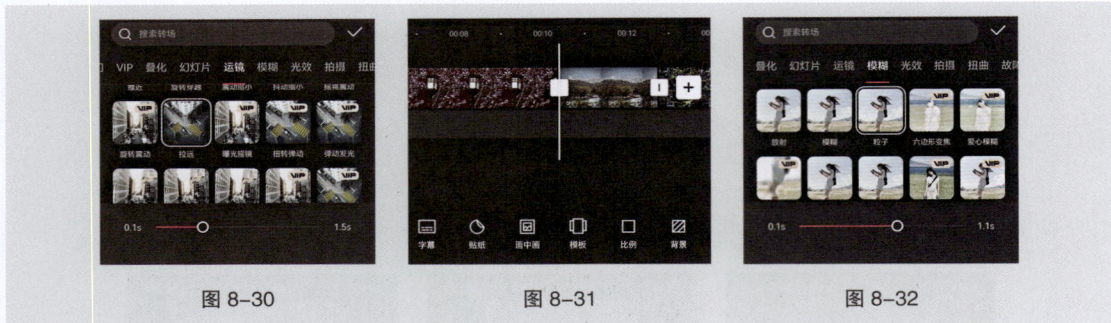

图8-30　　　　　图8-31　　　　　图8-32

（12）将白色显示滑杆移动到素材连接处。点击素材连接处的标志。弹出"转场"选项。选择"光效"选项中的"泛白"转场，将转场时长设置为0.5s，如图8-33所示。点击界面右下角的"√"按钮，确认操作。

（13）将白色显示滑杆移动到素材连接处，如图8-34所示。点击素材连接处的标志。弹出"转场"选项。选择"模糊"选项中的"模糊"转场，将转场时长设置为0.7s，如图8-35所示。点击界面右下角的"√"按钮，确认操作。

图8-33　　　　　图8-34　　　　　图8-35

4. 添加特效、滤镜和调色

（1）返回素材起始位置，在底部工具栏中向右滑动显示更多按钮，如图8-36所示。点击"特效"按钮，弹出特效相关按钮，如图8-37所示。点击"画面特效"按钮，弹出的选项如图8-38所示。

图8-36　　　　　图8-37　　　　　图8-38

（2）选择"基础"选项中的"虚化"特效，如图8-39所示。再次点击特效，进入调整参数界面，设置"模糊"选项为20，如图8-40所示。点击"√"按钮，确认操作，添加特效。向右拖曳"虚化"特效右侧的边界框以调整时长，如图8-41所示。

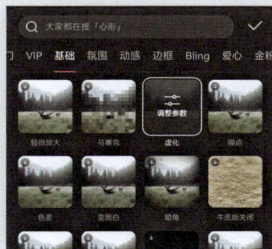
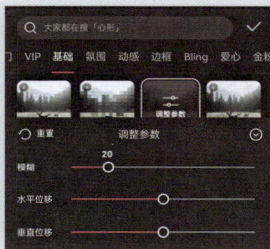

| 图 8-39 | 图 8-40 | 图 8-41 |

（3）取消"虚化"特效的选取状态。返回素材起始位置，点击"画面特效"按钮，选择"基础"选项中的"暗角"特效，如图 8-42 所示。再次点击特效，进入调整参数界面，设置"边缘暗度"选项为 70，如图 8-43 所示。点击"√"按钮，确认操作，添加特效。向右拖曳"暗角"特效右侧的边界框以调整时长，如图 8-44 所示。

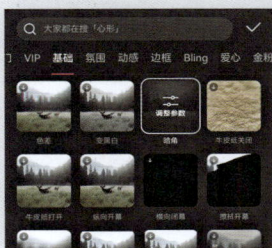
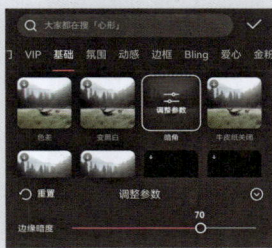

| 图 8-42 | 图 8-43 | 图 8-44 |

（4）取消"暗角"特效的选取状态。返回素材起始位置，点击"画面特效"按钮，选择"氛围"选项中的"星星冲屏"特效，如图 8-45 所示。再次点击特效，进入调整参数界面，设置"速度"选项为 11，"不透明度"选项为 60，"滤镜"选项为 60，如图 8-46 所示。点击"√"按钮，确认操作，添加特效。向左拖曳"星星冲屏"特效右侧的边界框以调整时长，如图 8-47所示。

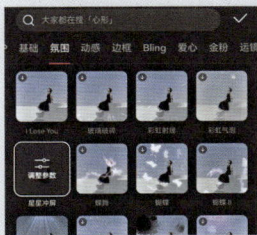
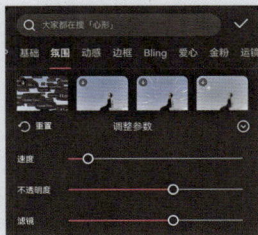
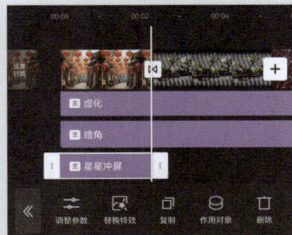

| 图 8-45 | 图 8-46 | 图 8-47 |

（5）取消"星星冲屏"特效的选取状态。移动白色显示滑杆到 00:02 秒处，如图 8-48 所示。点击"画面特效"按钮，选择"氛围"选项中的"彩虹气泡"特效，如图 8-49 所示。再次点击特效，进入调整参数界面，设置"速度"选项为 10，"彩虹光斑"选项为 50，"滤镜"选项为 50，如图 8-50 所示。点击"√"按钮，确认操作，添加特效。

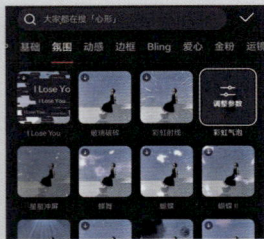
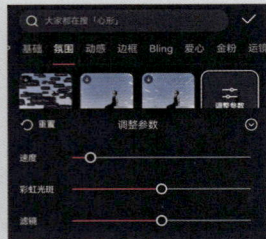

图 8-48　　　　　　　　　　图 8-49　　　　　　　　　　图 8-50

（6）取消"彩虹光斑"特效的选取状态。移动白色显示滑杆到 00:06 秒处，点击"画面特效"按钮，选择"氛围"选项中的"春日樱花"特效，如图 8-51 所示。再次点击特效，进入调整参数界面，设置"速度"选项为 15，"不透明度"选项为 50，如图 8-52 所示。点击"√"按钮，确认操作，添加特效。向右拖曳"春日樱花"特效右侧的边界框以调整时长，如图 8-53 所示。

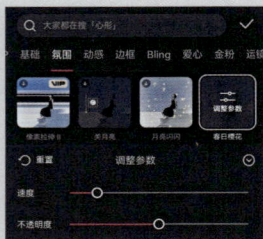
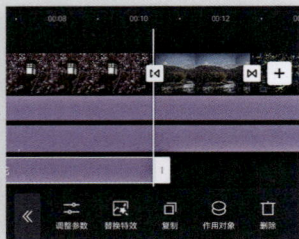

图 8-51　　　　　　　　　　图 8-52　　　　　　　　　　图 8-53

（7）取消"春日樱花"特效的选取状态。移动白色显示滑杆到 00:10 秒处，点击"画面特效"按钮，选择"光"选项中的"逆光对焦"特效，如图 8-54 所示。再次点击特效，进入调整参数界面，设置"曝光"选项为 46，"对焦速度"选项为 33，"模糊度"选项为 22，如图 8-55 所示。点击"√"按钮，确认操作，添加特效。向左拖曳"逆光对焦"特效右侧的边界框以调整时长，如图 8-56 所示。

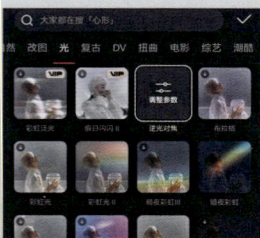
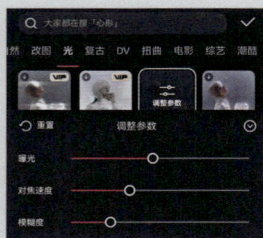

图 8-54　　　　　　　　　　图 8-55　　　　　　　　　　图 8-56

（8）取消"逆光对焦"特效的选取状态。移动白色显示滑杆到 00:12 秒处，点击"画面特效"按钮，选择"光"选项中的"炫彩"特效，如图 8-57 所示。再次点击特效，进入调整参数界面，设置"变色速度"选项为 16，"不透明度"选项为 50，如图 8-58 所示。点击"√"按钮，确认操作，添加特效。向右拖曳"炫彩"特效右侧的边界框以调整时长，如图 8-59 所示。

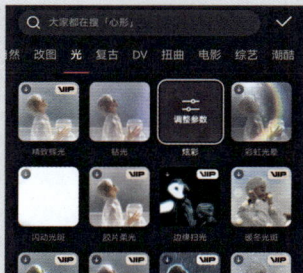

图 8-57

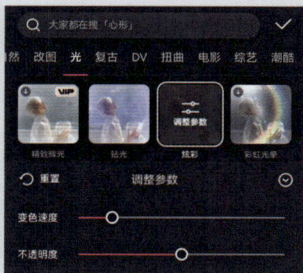

图 8-58

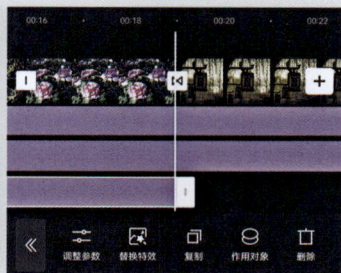

图 8-59

（9）取消"炫彩"特效的选取状态。移动白色显示滑杆到 00:19 秒处，点击"画面特效"按钮，选择"光"选项中的"胶片漏光"特效，如图 8-60 所示。再次点击特效，进入调整参数界面，设置"速度"选项为 16，"不透明度"选项为 50，如图 8-61 所示。点击"√"按钮，确认操作，添加特效。向右拖曳"胶片漏光"特效右侧的边界框以调整时长，如图 8-62 所示。

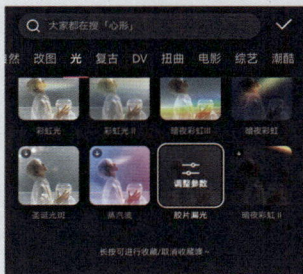

图 8-60

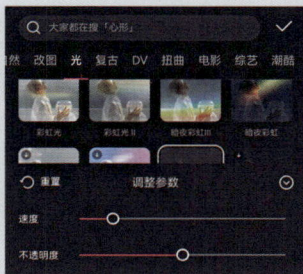

图 8-61

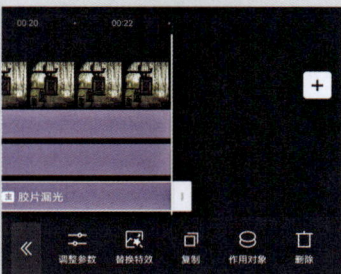

图 8-62

（10）返回素材起始位置，点击底部工具栏左侧的三角按钮，显示出需要的按钮，如图 8-63 所示。在底部工具栏中点击"滤镜"按钮，弹出滤镜选项。选择"风景"选项中的"椿和"滤镜，如图 8-64 所示。点击"√"按钮，确认操作，添加滤镜。向右拖曳滤镜右侧的边界框以调整时长，如图 8-65 所示。

图 8-63

图 8-64

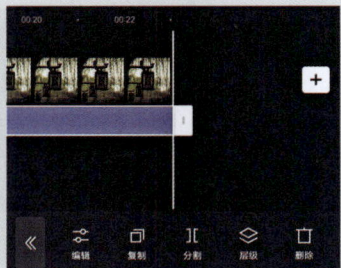

图 8-65

（11）取消"椿和"滤镜的选取状态。返回素材起始位置，如图 8-66 所示。在底部工具栏中点击"新增调节"按钮，弹出"调节"选项。将"对比度"选项设置为 −20，如图 8-67 所示；将"饱和度"选项设置为 5，如图 8-68 所示。

图 8-66

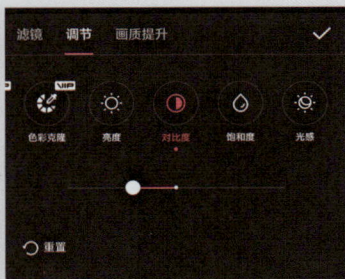

图 8-67

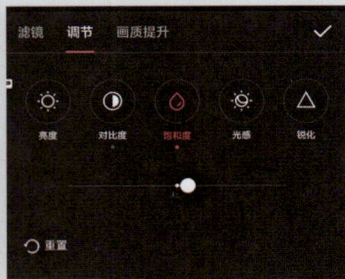

图 8-68

（12）将"高光"选项设置为 15，如图 8-69 所示；将"阴影"选项设置为 -10，如图 8-70 所示。点击"√"按钮，确认操作，在时间轴区域生成"调节 1"。向右拖曳"调节 1"右侧的边界框以调整时长，如图 8-71 所示。取消"调节 1"的选取状态。

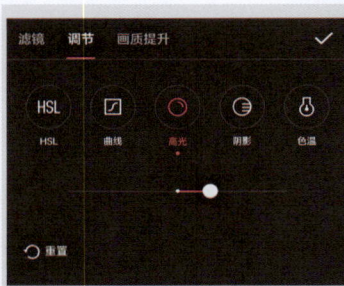

图 8-69

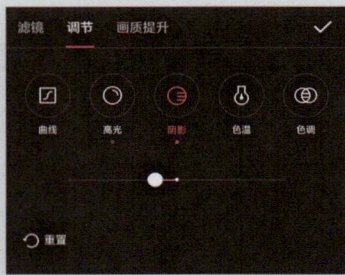

图 8-70

图 8-71

5. 添加标题文字和动画

（1）返回素材起始位置，点击底部工具栏左侧的三角按钮，显示出需要的按钮，如图 8-72 所示。点击"文字"按钮，弹出文字相关按钮，如图 8-73 所示。

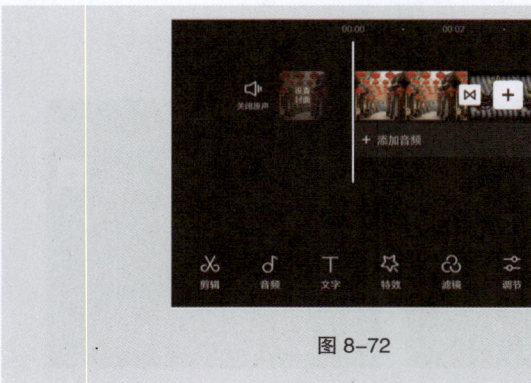

图 8-72

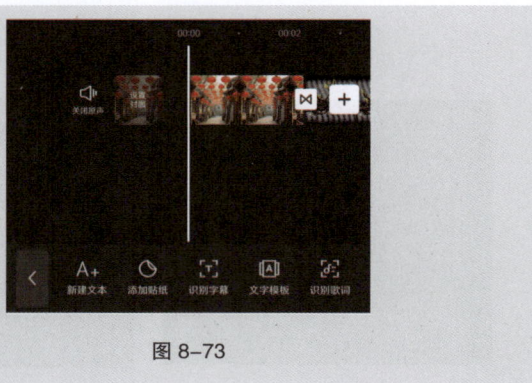

图 8-73

（2）点击"新建文本"按钮，在预览窗口中生成文本框，输入需要的文字后，隐藏文字输入键盘。在"字体"选项中选择需要的字体，如图 8-74 所示。在"样式"选项中选择需要的样式并调整字号，如图 8-75 所示。调整文字的描边粗细，如图 8-76 所示。

剪映短视频剪辑与运营（全彩慕课版）

图 8-74 　　　　　　　　　图 8-75 　　　　　　　　　图 8-76

（3）点击"√"按钮，确认操作，返回主界面，如图 8-77 所示。向左拖曳"清新时光"右侧的边界框以调整时长。在底部工具栏中向左滑动显示更多按钮，如图 8-78 所示。

（4）点击"动画"按钮，弹出动画选项。选择"入场"动画选项中的"缩小Ⅱ"，将时长设置为 0.5s，如图 8-79 所示。点击"√"按钮，确认操作。

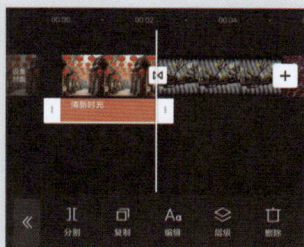
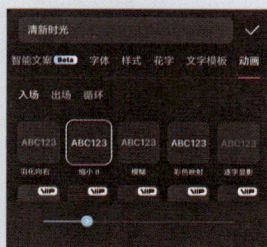

图 8-77 　　　　　　　　　图 8-78 　　　　　　　　　图 8-79

6. 添加并剪辑音频

（1）返回素材起始位置，连续点击底部工具栏左侧的三角按钮，显示出需要的按钮，如图 8-80 所示。点击"音频"，弹出相应的按钮，如图 8-81 所示。

（2）点击"音乐"按钮，进入"音乐"界面。在搜索框中输入"空山新雨后"，点击"搜索"按钮，搜索出相关的多个音频。点击相应的音频，可以试听音频，如图 8-82 所示。

（3）点击右侧的"使用"按钮，添加选取的音频。向左拖曳音频右侧的边界框以调整时长，如图 8-83 所示。

（4）点击"淡入淡出"按钮，弹出"淡入淡出"选项，调整"淡出时长"选项，如图 8-84 所示。点击"√"按钮，确认操作。

图 8-80　　　　　　　　　　图 8-81　　　　　　　　　　图 8-82

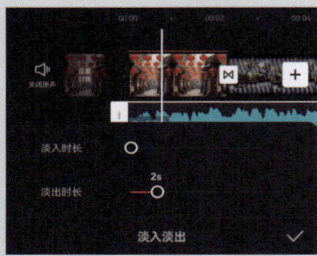

图 8-83　　　　　　　　　　　　　图 8-84

7．识别并设置歌词

（1）返回素材起始处。点击底部工具栏左侧的三角按钮，显示相应的按钮，如图 8-85 所示。点击"文字"按钮，弹出相应的按钮，如图 8-86 所示。点击"识别歌词"按钮，弹出"识别歌词"选项，如图 8-87 所示。

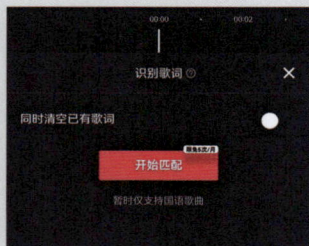

图 8-85　　　　　　　　　　图 8-86　　　　　　　　　　图 8-87

（2）点击"开始匹配"按钮，识别歌词，如图 8-88 所示。识别完成后，添加识别的歌词，如图 8-89 所示。

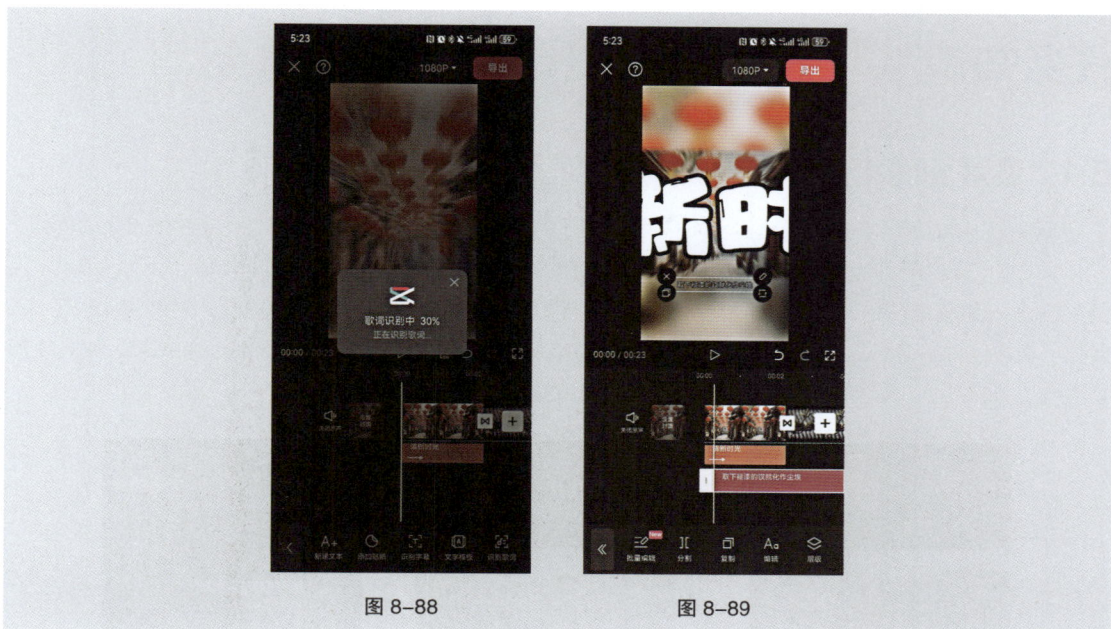

图 8-88　　　　　　　　　　图 8-89

8. 导出短视频

（1）预览完成后的短视频。点击上方的"1080P"，弹出导出选项设置界面，如图 8-90 所示。

（2）点击"导出"按钮，进入导出界面，如图 8-91 所示。导出完成后，点击"完成"按钮，如图 8-92 所示。可在图库 App 中回看短视频。

图 8-90　　　　　　　　　　图 8-91　　　　　　　　　　图 8-92

注：剪映的识别歌词功能在旧版本中可免费使用，在新版本中需办理 VIP 才可使用。如需办理剪映 VIP，需注册并登录抖音账号。

8.1 设置画面比例

剪映 App 提供了多种画面比例，用户可以使用"比例"功能进行横屏视频与竖屏视频之间的切换。

未选中任何素材的状态下，在底部工具栏中向左滑动显示更多按钮，如图 8-93 所示。点击"比例"按钮，弹出选项栏，如图 8-94 所示。点击需要的比例选项，即可在预览窗口中看到相应的画面效果，如图 8-95 所示。其中 9∶16 和 16∶9 较为常用，也更符合常规短视频的上传要求。2.35∶1 和 1.85∶1 是电影常用的画面比例，可以给人一种影片化的感觉。

图 8-93　　　　　　　　　　图 8-94　　　　　　　　　　图 8-95

8.2 设置背景

在进行短视频的制作时，如果素材画面没有铺满画布，会导致视频产生不好的观感。因此，除了直接通过放大素材来填充画布以外，还可以使用"背景"功能来丰富画面效果。

未选中任何素材的状态下，在底部工具栏中向左滑动显示更多按钮，如图 8-96 所示。点击"背景"按钮，弹出相应按钮，如图 8-97 所示。

 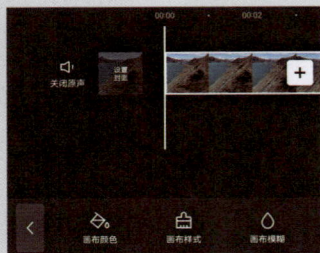

图 8-96　　　　　　　　　　图 8-97

剪映短视频剪辑与运营（全彩慕课版）

1. 画布颜色

使用"画布颜色"功能可以设置纯色的背景。点击"画布颜色"按钮，弹出"画布颜色"选项，如图 8-98 所示。在弹出的选项中选择画布的填充颜色，效果如图 8-99 所示。点击左侧的彩色圆形，会出现更加丰富的颜色选择界面，滑动下方圆形滑块可以选择颜色的区间，滑动颜色区间内的圆形可以选择需要的颜色，效果如图 8-100 所示。

图 8-98

图 8-99

图 8-100

点击左侧的"吸管"按钮![吸管]，这时预览窗口中会出现取色的圆环，如图 8-101 所示。移动圆环位置就可以在画面中选择需要的颜色，画布颜色会根据圆环的移动实时变化，方便预览画布效果，如图 8-102 所示。

图 8-101

图 8-102

2. 画布样式

使用"画布样式"功能可以设置图案更加丰富的背景。点击"画布样式"按钮，弹出"画布样式"选项，如图 8-103 所示。在弹出的选项中选择画布的填充图案，效果如图 8-104 所示。点击左侧的 按钮，可以选择本机存储的图片作为背景，如图 8-105 所示。

图 8-103　　　　　　　　　图 8-104　　　　　　　　　图 8-105

3. 画布模糊

使用"画布模糊"功能可以设置跟随画面产生动态效果的背景。点击"画布模糊"按钮，弹出"画布模糊"选项，如图 8-106 所示。在弹出的选项中选择画布的模糊程度，效果如图 8-107 所示。

图 8-106　　　　　　　　　图 8-107

8.3　添加字幕

字幕就是将语音内容以文字的形式呈现在视频画面中。在剪映 App 里，用户既可以手动添加字幕，也可以使用"识别字幕"和"识别歌词"功能将视频中的语音内容自动转换为字幕。

1.　识别字幕

"识别字幕"功能可以对视频中的语言内容进行智能识别，并转换为字幕。该功能可以快速为视频添加字幕，大大节省了工作时间。

未选中任何素材的状态下，点击"文本"按钮，弹出相应按钮，如图 8-108 所示。点击"识别字幕"按钮，如图 8-109 所示。点击"开始识别"按钮，识别完成后，会在时间轴区域自动生成文字素材，如图 8-110 所示。

图 8-108　　　　　　　　　　图 8-109　　　　　　　　　　图 8-110

2.　识别歌词

在为短视频添加背景音乐后，通过"识别歌词"功能，可以对歌词进行智能识别，常用于音乐短片的制作。

未选中任何素材的状态下，点击"文本"按钮，弹出相应按钮，如图 8-111 所示。点击"识别歌词"按钮，如图 8-112 所示。点击"开始匹配"按钮，匹配完成后，会在时间轴区域自动生成文字素材，如图 8-113 所示。

图 8-111

图 8-112

图 8-113

任务扩展——制作《冬日时光》短视频

　　进行前期的风景视频的拍摄，在剪映 App 中导入视频，对视频素材进行剪辑并制作变速效果，添加滤镜和特效，为视频素材调色，添加标题文字和动画，剪辑音频并制作淡出效果，识别并设置歌词，导出并查看短视频。最终效果参看学习资源中的"项目 8\ 效果 \ 冬日时光 .mp4"，如图 8-114 所示。

慕课视频

制作《冬日时光》短视频

图 8-114

09

项目 9

知识短视频

知识短视频已经成为互联网上知识传播的重要途径，内容涵盖科学普及、卫生健康、个人理财、历史文化等多个领域。本项目将详细讲解知识短视频的剪辑思路和制作技巧。在制作知识短视频时，视频内容应简明扼要，突出重点；前期应收集高质量的视频、图片、音频等素材，并进行整理，确保信息传递的逻辑性和连贯性。

学习目标

知识目标	能力目标	素质目标
1. 掌握使用 AI 智能成片的技巧。 2. 掌握使用 AI 智能编辑的技巧	1. 掌握《AI知识短片》短视频的制作方法。 2. 掌握《走进天坛》短视频的制作方法	1. 培养有效解决问题的科学思维。 2. 培养不断改进学习方法的自主学习能力。 3. 培养语句通顺、含义清楚的文字表达能力

任务实践——制作《AI知识短片》短视频

【任务目标】

知识短视频通过提供灵活、丰富、个性化的学习体验，以及快速传播和低成本的教学资源，正在成为传统教学模式的有力补充。本任务通过制作《AI知识短片》短视频，详细讲解知识短视频的制作方法，从而推动知识的普及，让更多人能够便捷地接触和学习到专业知识。

【任务要点】

在剪映App中使用图文成片功能生成视频模板，替换并调整视频和背景音乐，为视频素材调色，导出并查看短视频。最终效果参看学习资源中的"项目9\效果\AI知识短片.mp4"，如图9-1所示。

图 9-1

【任务制作】

1. 使用AI功能创建并导入素材

（1）点击手机界面中的"剪映"图标，进入主界面，如图9-2所示。点击"图文成片"按钮，进入"图文成片"界面，如图9-3所示。选择"自由编辑文案"选项，进入文案输入界面，如图9-4所示。

图 9-2

图 9-3

图 9-4

（2）输入需要的文案，如图 9-5 所示。点击"应用"按钮，弹出"请选择成片方式"选项，如图 9-6 所示。选择"智能匹配素材"选项，使用 AI 智能匹配与文案对应的素材。匹配完成后，进入视频预览界面，如图 9-7 所示。

图 9-5   图 9-6   图 9-7

（3）点击底部工具栏中的"音色"按钮，弹出"音色"选项。在"男声"选项中选择"播音旁白"音色，并进行试听，选中"应用到所有字幕"选项，如图 9-8 所示，点击界面右下角的"√"按钮，确认操作。

（4）在底部工具栏中向左滑动显示更多按钮，如图 9-9 所示。点击"背景音乐"按钮，弹出相应的按钮，如图 9-10 所示。

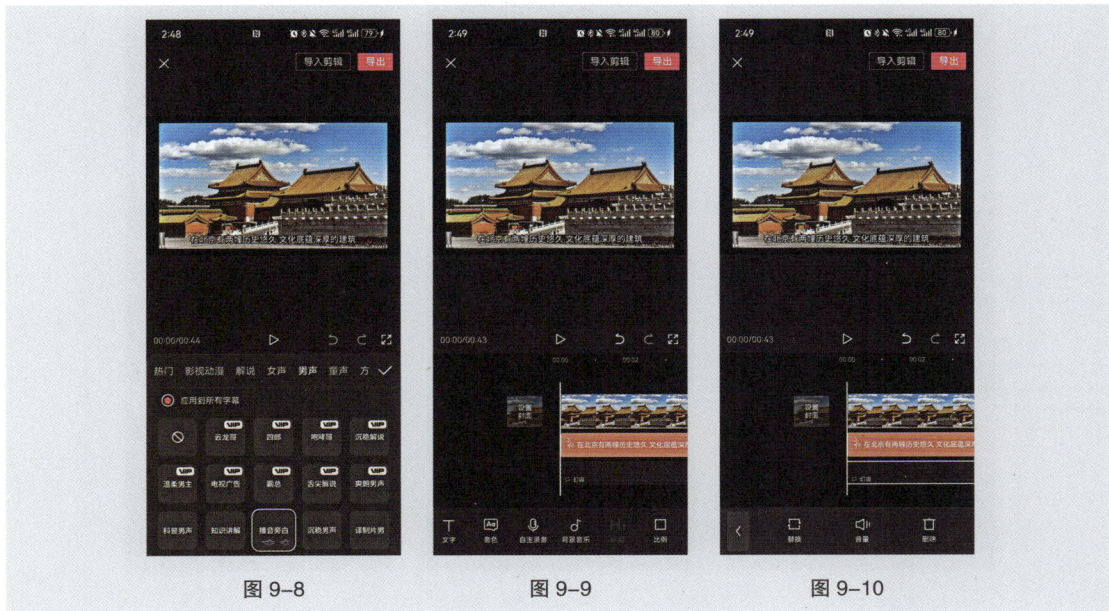

图 9-8   图 9-9   图 9-10

（5）点击"替换"按钮，进入"添加音乐"界面。选择"导入音乐"选项中的"本地音乐"，点击相应的音频，可以试听音频，如图 9-11 所示。点击右侧的"使用"按钮，添加选取的音频，如图 9-12 所示。点击"导入剪辑"按钮，进入视频制作界面，如图 9-13 所示。

| 图 9-11 | 图 9-12 | 图 9-13 |

2. 替换并调整素材

（1）选择需要替换的视频素材，在底部工具栏中向右滑动显示更多按钮，如图 9-14 所示。点击"替换"按钮，进入"照片视频"界面。选择需要的视频素材，进入裁剪界面，如图 9-15 所示。点击界面右下角的"确认"按钮，进入视频制作界面，如图 9-16 所示。

| 图 9-14 | 图 9-15 | 图 9-16 |

（2）选择需要替换的视频素材，在底部工具栏中向右滑动显示更多按钮，如图9-17所示。点击"替换"按钮，进入"照片视频"界面。选择需要的视频素材，进入裁剪界面，如图9-18所示。点击界面右下角的"确认"按钮，进入视频制作界面，如图9-19所示。

图 9-17

图 9-18

图 9-19

（3）选择需要替换的视频素材，在底部工具栏中向右滑动显示更多按钮，如图9-20所示。点击"替换"按钮，进入"照片视频"界面。选择需要的视频素材，进入裁剪界面，如图9-21所示。点击界面右下角的"确认"按钮，进入视频制作界面，如图9-22所示。

图 9-20

图 9-21

图 9-22

（4）选择需要替换的视频素材，在底部工具栏中向右滑动显示更多按钮，如图 9-23 所示。点击"替换"按钮，进入"照片视频"界面。选择需要的视频素材，进入裁剪界面，如图 9-24 所示。点击界面右下角的"确认"按钮，进入视频制作界面，如图 9-25 所示。

  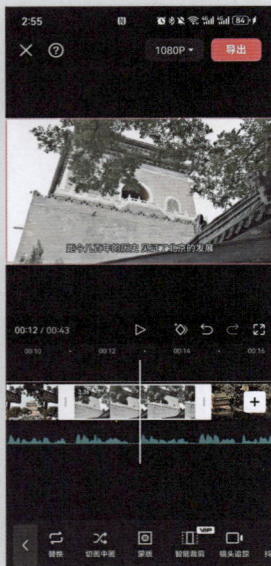

图 9-23   图 9-24   图 9-25

（5）选择需要替换的视频素材，在底部工具栏中向右滑动显示更多按钮，如图 9-26 所示。点击"替换"按钮，进入"照片视频"界面。选择需要的视频素材，进入裁剪界面，如图 9-27 所示。点击界面右下角的"确认"按钮，进入视频制作界面，如图 9-28 所示。

图 9-26   图 9-27   图 9-28

（6）选择需要替换的视频素材，在底部工具栏中向右滑动显示更多按钮，如图 9-29 所示。点击"替换"按钮，进入"照片视频"界面。选择需要的视频素材，进入裁剪界面，如图 9-30 所示。点击界面右下角的"确认"按钮，进入视频制作界面，如图 9-31 所示。

图 9-29

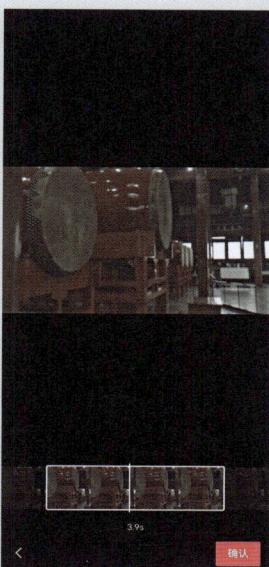

图 9-30

图 9-31

（7）选择需要替换的视频素材，在底部工具栏中向右滑动显示更多按钮，如图 9-32 所示。点击"替换"按钮，进入"照片视频"界面。选择需要的视频素材，进入裁剪界面，如图 9-33 所示。点击界面右下角的"确认"按钮，进入视频制作界面，如图 9-34 所示。

图 9-32

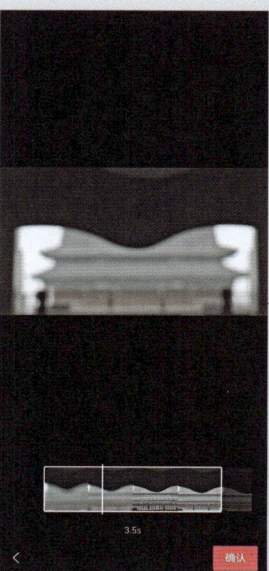

图 9-33

图 9-34

（8）选择需要替换的视频素材，在底部工具栏中向右滑动显示更多按钮，如图 9-35 所示。点击"替换"按钮，进入"照片视频"界面。选择需要的视频素材，进入裁剪界面，如图 9-36 所示。点击界面右下角的"确认"按钮，进入视频制作界面，如图 9-37 所示。

图 9-35   图 9-36   图 9-37

（9）选择需要替换的视频素材，在底部工具栏中向右滑动显示更多按钮，如图 9-38 所示。点击"替换"按钮，进入"照片视频"界面。选择需要的视频素材，进入裁剪界面，如图 9-39 所示。点击界面右下角的"确认"按钮，进入视频制作界面，如图 9-40 所示。

图 9-38   图 9-39   图 9-40

（10）选择需要替换的视频素材，在底部工具栏中向右滑动显示更多按钮，如图9-41所示。点击"替换"按钮，进入"照片视频"界面。选择需要的视频素材，进入裁剪界面，如图9-42所示。点击界面右下角的"确认"按钮，进入视频制作界面，如图9-43所示。

 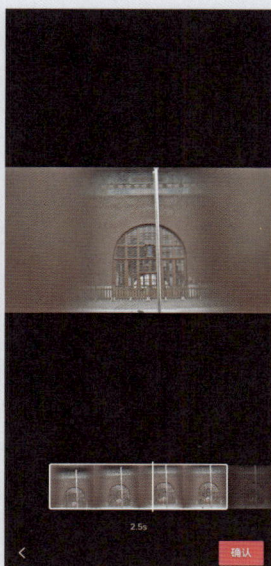 

图 9-41 图 9-42 图 9-43

（11）选择需要替换的视频素材，在底部工具栏中向右滑动显示更多按钮，如图9-44所示。点击"替换"按钮，进入"照片视频"界面。选择需要的视频素材，进入裁剪界面，如图9-45所示。点击界面右下角的"确认"按钮，进入视频制作界面，如图9-46所示。

  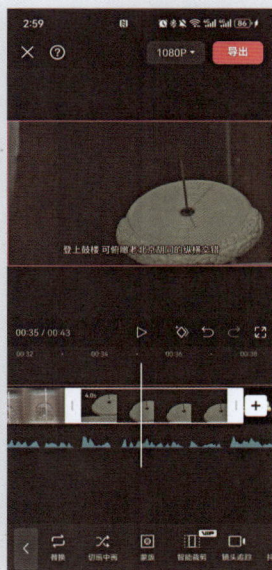

图 9-44 图 9-45 图 9-46

（12）选择需要替换的视频素材，在底部工具栏中向右滑动显示更多按钮，如图 9-47 所示。点击"替换"按钮，进入"照片视频"界面。选择需要的视频素材，进入裁剪界面，如图 9-48 所示。点击界面右下角的"确认"按钮，进入视频制作界面，如图 9-49 所示。

 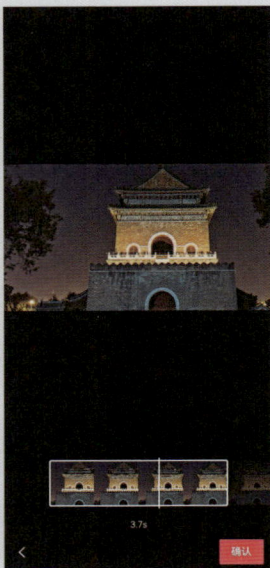 

图 9-47   图 9-48   图 9-49

（13）选择需要替换的视频素材，在底部工具栏中向右滑动显示更多按钮，如图 9-50 所示。点击"替换"按钮，进入"照片视频"界面。选择需要的视频素材，进入裁剪界面，如图 9-51 所示。点击界面右下角的"确认"按钮，进入视频制作界面，如图 9-52 所示。

图 9-50   图 9-51   图 9-52

（14）选中需要的视频素材，在底部工具栏中向左滑动显示更多按钮，如图 9-53 所示。点击"动画"按钮，弹出"动画"选项，如图 9-54 所示。在"入场"选项中选择"无"动画，去除原视频素材中添加的动画，如图 9-55 所示，点击"√"按钮，确认操作。使用相同的方法，分别去除其他视频素材中的动画。

图 9-53

图 9-54

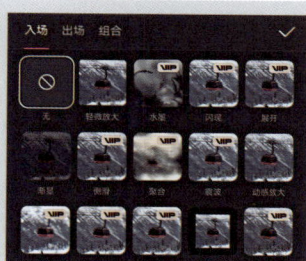
图 9-55

3. 添加并设置调色

（1）返回素材起始位置，点击底部工具栏左侧的三角按钮，显示出需要的按钮，如图 9-56 所示。

（2）点击"调节"按钮，弹出"调节"选项。将"对比度"选项设置为 10，如图 9-57 所示；将"饱和度"选项设置为 26，如图 9-58 所示。

图 9-56

图 9-57

图 9-58

（3）将"高光"选项设置为 -10，如图 9-59 所示；将"阴影"选项设置为 6，如图 9-60 所示。点击"√"按钮，确认操作，在时间轴区域生成"调节 1"，向右拖曳"调节 1"右侧的边界框以调整时长，如图 9-61 所示。

| 图 9-59 | 图 9-60 | 图 9-61 |

4. 导出短视频

（1）预览完成后的短视频。点击上方的"1080P"，弹出导出选项设置界面，如图 9-62 所示。

（2）点击"导出"按钮，进入导出界面，如图 9-63 所示。导出完成后，点击"完成"按钮，如图 9-64 所示。可在图库 App 中回看短视频。

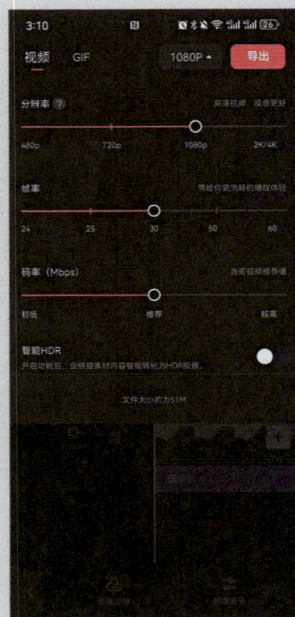
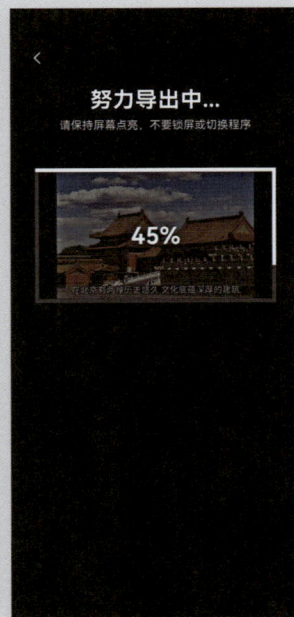

| 图 9-62 | 图 9-63 | 图 9-64 |

任务知识

9.1　AI 智能成片

剪映 App 的"一键成片""图文成片"等 AI 视频创作功能非常智能，使零基础的用户能快速地创作短视频。

1．一键成片

"一键成片"功能可以根据用户选择的视频或图像素材，自动、随机生成视频。

进入剪映 App 主界面，如图 9-65 所示。点击"一键成片"按钮，进入"照片视频"导入界面，选择需要的素材，如图 9-66 所示。点击"下一步"按钮，系统自动将所选素材合成为短视频，如图 9-67 所示。生成的短视频会自动添加背景音乐、转场和特效，还可以根据需要选择其他类型的模板。

图 9-65　　　　　　　　　图 9-66　　　　　　　　　图 9-67

2．图文成片

"图文成片"功能既可以直接由 AI 创作文案并匹配素材，又可以由用户自定义文案后让 AI 生成素材。

进入剪映 App 主界面，点击"图文成片"按钮，进入"图文成片"界面，如图 9-68 所示。点击"自由编辑文案"，进入文案输入界面，用户可以输入自己编写的文案并生成视频。"智能文案"有多个分类，每个分类通过输入关键词，由 AI 生成文案后，再生成视频。每个分类下的关键词类别有些许不同，下面以"旅行感悟"分类进行讲解。

点击"智能文案"中的"旅行感悟"分类，进入文案创作界面，分别在"旅行地点"和"话题"文本框中输入关键词，如图 9-69 所示。点击"生成文案"按钮，自动生成文案，如图 9-70 所示。

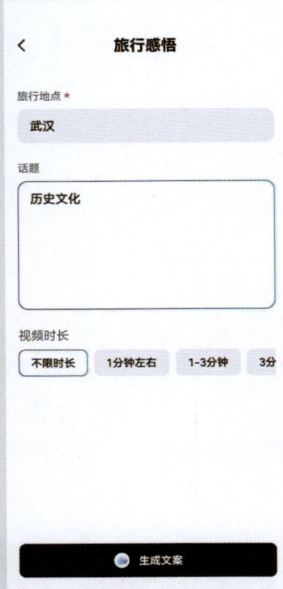

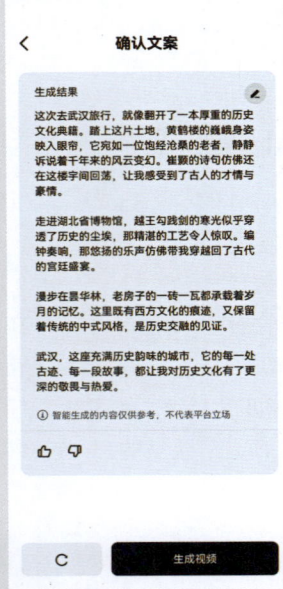

图 9-68　　　　　　　　　　图 9-69　　　　　　　　　　图 9-70

　　用户可以对生成的文案进行修改，修改好需要的文案后，点击"生成视频"按钮，弹出"请选择成片方式"选项，如图 9-71 所示。点击"智能匹配素材"选项，使用 AI 智能匹配与文案对应的视频、图片和音乐素材，匹配完成后，进入视频预览界面，如图 9-72 所示。在该界面中，用户可以选择对视频进一步编辑，也可以直接将视频导出。

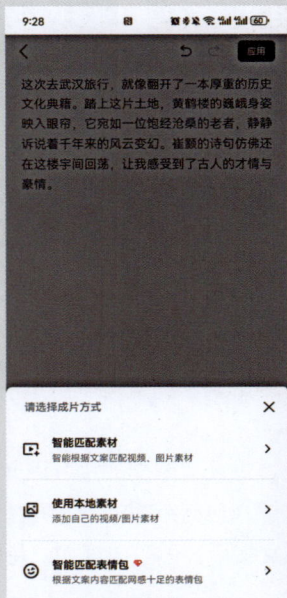

图 9-71　　　　　　　　　　图 9-72

9.2　AI 智能编辑

　　剪映 App 不但提供了快速成片的 AI 创作功能，还提供了 AI 智能编辑工具，包括 "AI 作图" "AI 商品图" "营销成片" "AI 特效" "智能抠图" 等。下面我们对常用工具进行讲解。

1. 智能抠图

　　使用 "智能抠图" 工具可以快速抠出主体。

　　进入剪映 App 主界面，如图 9-73 所示。点击 "展开" 按钮，展开界面如图 9-74 所示。点击 "智能抠图" 按钮，进入 "照片视频" 导入界面，选择需要的素材，如图 9-75 所示。

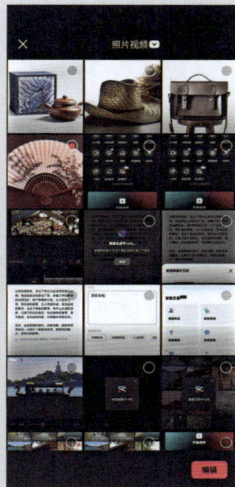

图 9-73　　　　　　　　图 9-74　　　　　　　　图 9-75

　　点击 "编辑" 按钮，进入智能抠图界面，剪映 App 对素材进行自动识别并移除背景，如图 9-76 所示。点击 "去编辑" 按钮，进入图片编辑界面，如图 9-77 所示。可以根据需要为图片添加文字、修改尺寸、添加背景等，效果如图 9-78 所示。

图 9-76　　　　　　　　图 9-77　　　　　　　　图 9-78

2. AI 商品图

使用"AI 商品图"工具不仅可以快速抠出主体，还可以为其添加常用的电商产品背景。

点击"AI 商品图"按钮，进入"照片视频"导入界面，选择需要的素材，如图 9-79 所示。点击"编辑"按钮，进入智能抠图界面，剪映 App 对素材进行自动识别并移除背景，如图 9-80 所示。在预览窗口中调整主体的位置，如图 9-81 所示。

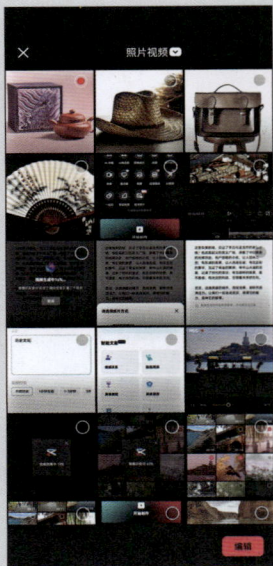  

图 9-79   图 9-80   图 9-81

选择"AI 背景预设"选项，根据主体的风格选择合适的背景，效果如图 9-82 所示。如果对生成的效果不满意，可以再次点击需要的风格，系统会刷新出同一风格的不同背景，效果如图 9-83 所示。

图 9-82   图 9-83

3. 营销成片

使用"营销成片"工具能够将拍摄好的视频素材自动生成适合用于促销推广的短视频。

点击"营销成片"按钮，进入"营销推广视频"界面，如图9-84所示。导入视频素材，并在"AI生成文案"选项中输入商品名称和商品卖点，如图9-85所示。点击"生成商品视频"按钮，剪映App将自动生成短视频，如图9-86所示。

| 图 9-84 | 图 9-85 | 图 9-86 |

任务扩展——制作《走进天坛》短视频

在剪映App中使用"图文成片"功能生成视频模板，替换并调整视频和背景音乐，添加滤镜和特效，并为视频素材调色，导出并查看短视频。最终效果参看学习资源中的"项目9\ 效果\ 走进天坛.mp4"，如图9-87所示。

图 9-87

项目 10

科技青春短视频

科技青春短视频通常聚焦于年轻一代与科技创新的互动，展示青少年如何通过科技探索、学习和创新来实现个人梦想和社会价值。本项目将详细讲解科技青春短视频的剪辑思路和制作技巧。在制作科技青春短视频时，通常使用视觉特效来增强故事叙述和创造视觉奇观，如转场、动画、滤镜等，都能够服务于视频的整体叙事和情感传递。

慕课视频

项目 10
科技青春短视频

学习目标

知识目标	能力目标	素质目标
1. 了解动画的概念。 2. 掌握为短视频添加动画的技巧	1. 掌握《青春年华》短视频的制作方法。 2. 掌握《自主创业宣传片》短视频的制作方法	1. 培养运用逻辑思维和方法研究问题的能力。 2. 培养有效执行计划及灵活改动方法的能力。 3. 培养勤学好练，以及较好的理解能力

任务实践——制作《青春年华》短视频

【任务目标】

科技青春短视频既可以展现科技的魅力，又可以体现年轻人的活力和创造力。本任务通过制作《青春年华》短视频，详细讲解科技青春短视频的制作方法。这类视频不仅能够激发青少年对科技的兴趣，还能鼓励他们积极参与科技实践，培养未来的科技人才。

【任务要点】

进行前期的风景视频的拍摄，在剪映 App 中创建并导入视频，设置画面比例，对视频素材进行剪辑并添加动画，为视频制作画中画效果，为视频添加特效、滤镜并调色，添加标题文字，添加音频和节拍，并对音频进行剪辑和制作淡出效果，导出并查看短视频。最终效果参看学习资源中的"项目 10\ 效果 \ 青春年华 .mp4"，如图 10-1 所示。

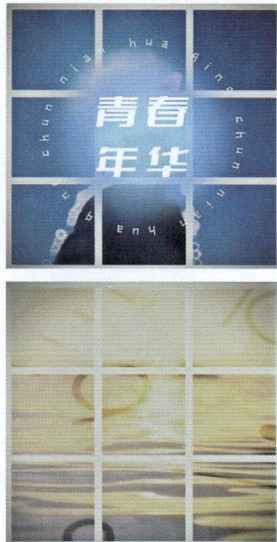

图 10-1

【任务制作】

1. 创建并导入素材

（1）点击手机界面中的"剪映"图标，进入主界面，如图 10-2 所示。点击"开始创作"按钮，进入"照片视频"导入界面。选择需要的 9 个视频素材，如图 10-3 所示。

（2）点击"添加"按钮，进入素材压缩界面，素材压缩完成后，进入视频制作界面。点击左侧的"关闭原声"按钮，关闭原声，如图 10-4 所示。

图 10-2 　　　　　　　　图 10-3 　　　　　　　　图 10-4

2. 设置画面比例并剪辑素材

（1）在底部工具栏中向左滑动显示更多按钮，如图 10-5 所示。点击"比例"按钮，在弹出的选项中选择"1:1"，如图 10-6 所示。点击界面右下角的"√"按钮，确认操作。在预览窗口中适当放大图像，如图 10-7 所示。使用相同的方法分别放大其他视频素材。

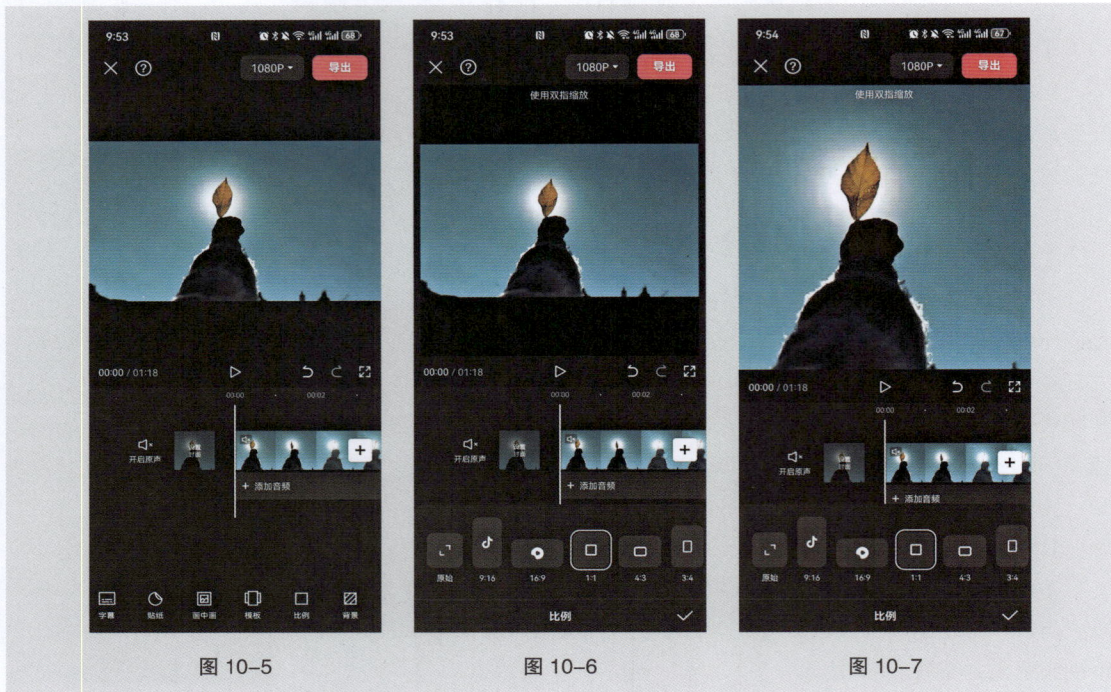

| 图 10-5 | 图 10-6 | 图 10-7 |

（2）移动白色显示滑杆到图 10-8 所示的位置，选择视频素材并进行分割。选取分割后左侧的视频素材，点击"删除"按钮，删除视频素材，如图 10-9 所示。移动白色显示滑杆到 00:06 秒处，选择视频素材并进行分割，如图 10-10 所示。

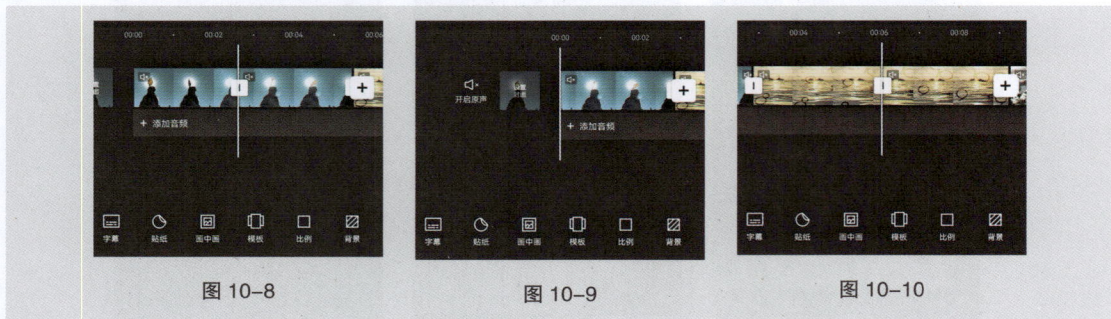

| 图 10-8 | 图 10-9 | 图 10-10 |

（3）选取分割后右侧的视频素材，点击"删除"按钮，删除视频素材，如图 10-11 所示。移动白色显示滑杆到 00:09 秒处，选择视频素材并进行分割，如图 10-12 所示。选取分割后右侧的视频素材，点击"删除"按钮，删除视频素材，如图 10-13 所示。

（4）移动白色显示滑杆到 00:12 秒处，选择视频素材并进行分割，如图 10-14 所示。选取分割后右侧的视频素材，点击"删除"按钮，删除视频素材，如图 10-15 所示。移动白色显示滑杆到 00:15 秒处，选择视频素材并进行分割，如图 10-16 所示。

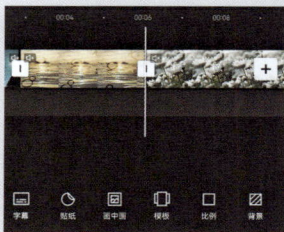
图 10-11

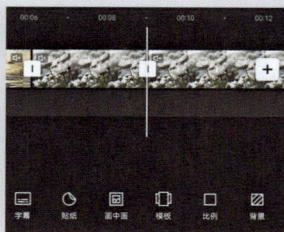
图 10-12

图 10-13

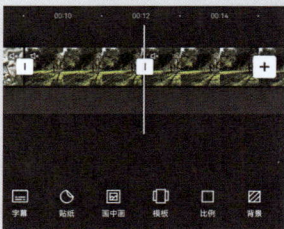
图 10-14

图 10-15

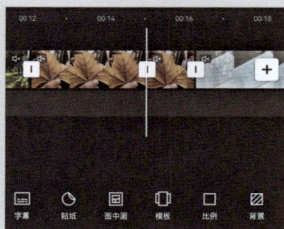
图 10-16

（5）选取分割后右侧的视频素材，点击"删除"按钮，删除视频素材，如图 10-17 所示。移动白色显示滑杆到 00:21 秒处，选择视频素材并进行分割，如图 10-18 所示。选取分割后右侧的视频素材，点击"删除"按钮，删除视频素材，如图 10-19 所示。

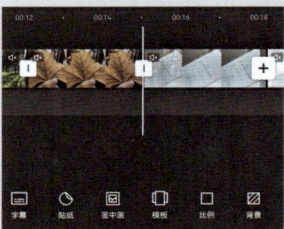
图 10-17

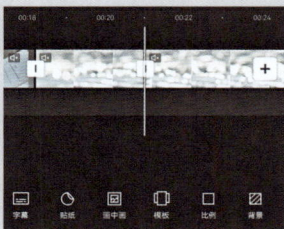
图 10-18

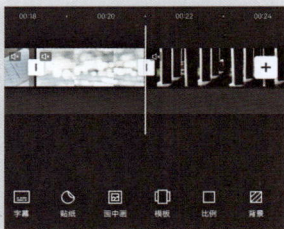
图 10-19

（6）移动白色显示滑杆到 00:30 秒处，选择视频素材并进行分割，如图 10-20 所示。选取分割后左侧的视频素材，点击"删除"按钮，删除视频素材，如图 10-21 所示。

图 10-20

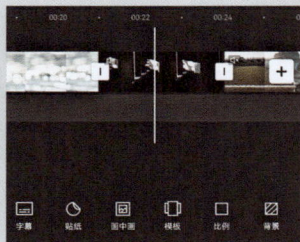
图 10-21

（7）移动白色显示滑杆到 00:27 秒处，选择视频素材并进行分割，如图 10-22 所示。选取分割后右侧的视频素材，点击"删除"按钮，删除视频素材，如图 10-23 所示。

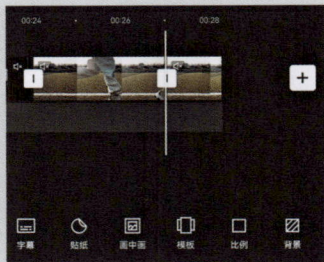
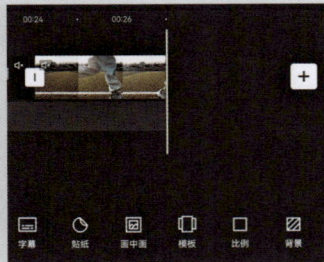

图 10-22　　　　　　　　图 10-23

3. 添加动画效果

（1）选中需要的素材，如图 10-24 所示。点击底部工具栏中的"动画"按钮，弹出"动画"选项。在"组合"动画选项中，选择"荡秋千Ⅱ"动画，如图 10-25 所示，点击"√"按钮，确认操作。选中需要的素材，如图 10-26 所示。

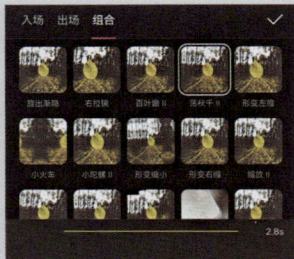

图 10-24　　　　　　图 10-25　　　　　　图 10-26

（2）点击底部工具栏中的"动画"按钮，弹出"动画"选项。在"组合"动画选项中，选择"小火车"动画，如图 10-27 所示，点击"√"按钮，确认操作。

（3）选中需要的素材，如图 10-28 所示。点击底部工具栏中的"动画"按钮，弹出"动画"选项。在"组合"动画选项中，选择"缩放"动画，如图 10-29 所示，点击"√"按钮，确认操作。

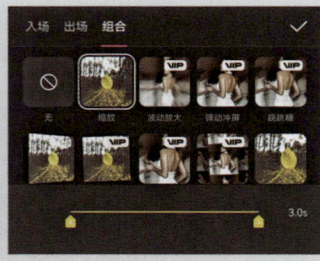

图 10-27　　　　　　图 10-28　　　　　　图 10-29

4. 添加画中画和特效

（1）取消视频素材的选取状态，返回素材起始处，如图 10-30 所示。点击底部工具栏中的"画中画"按钮，进入"新增画中画"界面，如图 10-31 所示。点击"新增画中画"按钮，进入"照片视频"界面，选择需要的素材，如图 10-32 所示。点击"添加"按钮，将素材添加到主界面中。

图 10-30   图 10-31   图 10-32

（2）在预览窗口中适当放大图像，如图 10-33 所示。点击底部工具栏中的"混合模式"按钮，在弹出的"混合模式"界面中选择"滤色"选项，如图 10-34 所示。点击"√"按钮，确认操作。向右拖曳素材右侧的边界框以调整时长，如图 10-35 所示。

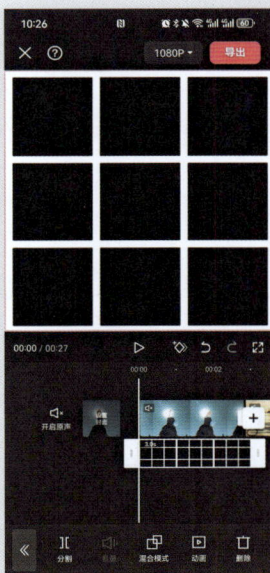

图 10-33   图 10-34   图 10-35

（3）返回素材起始位置，点击底部工具栏左侧的三角按钮，显示出需要的按钮，如图 10-36 所示。点击"特效"按钮，弹出特效相关按钮，如图 10-37 所示。点击"画面特效"按钮，弹出选项栏。选择"自然"选项中的"烟雾"特效，如图 10-38 所示。

<table>
<tr><td>图 10-36</td><td>图 10-37</td><td>图 10-38</td></tr>
</table>

（4）再次点击特效，进入调整参数界面，设置"速度"为 6，如图 10-39 所示。设置"不透明度"为 40，如图 10-40 所示。点击"√"按钮，确认操作，添加特效。向右拖曳"烟雾"特效右侧的边界框以调整时长，如图 10-41 所示。

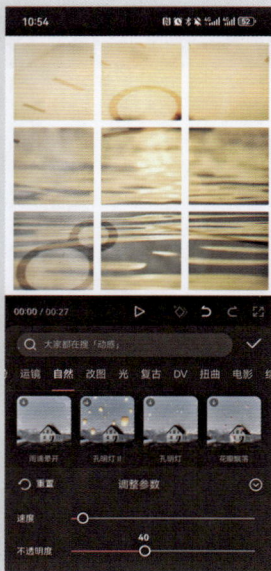

<table>
<tr><td>图 10-39</td><td>图 10-40</td><td>图 10-41</td></tr>
</table>

（5）取消"烟雾"特效的选取状态，返回素材起始位置，如图 10-42 所示。点击"画面特效"按钮，选择"基础"选项中的"泡泡变焦"特效，如图 10-43 所示。点击"√"按钮，确认操作，添加特效。向左拖曳"泡泡变焦"特效右侧的边界框以调整时长，如图 10-44 所示。

图 10-42　　　　　　　　　图 10-43　　　　　　　　　图 10-44

（6）取消"泡泡变焦"特效的选取状态，移动白色显示滑杆到 00:03 秒处，如图 10-45 所示。点击"画面特效"按钮，选择"光"选项中的"柔光"特效，如图 10-46 所示。点击"√"按钮，确认操作，添加特效。向右拖曳"柔光"特效右侧的边界框以调整时长，如图 10-47 所示。

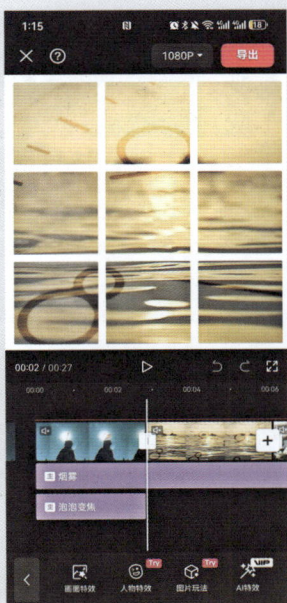

图 10-45　　　　　　　　　图 10-46　　　　　　　　　图 10-47

（7）取消"柔光"特效的选取状态，移动白色显示滑杆到 00:09 秒处，如图 10-48 所示。点击"画面特效"按钮，选择"自然"选项中的"雾气光线"特效，如图 10-49 所示。

图 10-48

图 10-49

（8）再次点击特效，进入调整参数界面，设置"速度"为7，如图10-50所示。设置"不透明度"为10，如图10-51所示。点击"√"按钮，确认操作，添加特效。向右拖曳"雾气光线"特效右侧的边界框以调整时长，如图10-52所示。

图 10-50

图 10-51

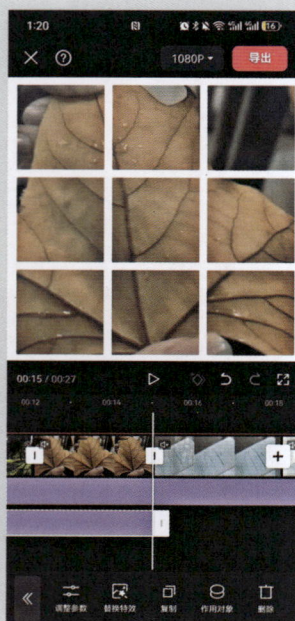
图 10-52

（9）取消"雾气光线"特效的选取状态，移动白色显示滑杆到 00:24 秒处，如图 10-53 所示。点击"画面特效"按钮，选择"光"选项中的"发光"特效，如图 10-54 所示。再次点击特效，进入调整参数界面，设置"发光强度"为 40，如图 10-55 所示。

图 10-53　　　　　　　　　图 10-54　　　　　　　　　图 10-55

（10）设置"滤镜"为 50，如图 10-56 所示。设置"光束角度"为 20，如图 10-57 所示。点击"√"按钮，确认操作，添加特效，如图 10-58 所示。

图 10-56　　　　　　　　　图 10-57　　　　　　　　　图 10-58

5. 添加滤镜和调色

（1）返回素材起始位置，点击底部工具栏左侧的三角按钮，显示出需要的按钮，如图 10-59 所示。点击"滤镜"按钮，弹出滤镜选项。选择"相机模拟"选项中的"奈良"滤镜，设置强度为 100，如图 10-60 所示。点击"√"按钮，确认操作，添加滤镜。向右拖曳滤镜右侧的边界框以调整时长，如图 10-61 所示。

 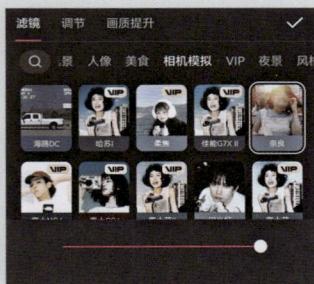 

| 图 10-59 | 图 10-60 | 图 10-61 |

（2）取消"奈良"滤镜的选取状态。返回素材起始位置，如图 10-62 所示。在底部工具栏中点击"新增调节"按钮，弹出"调节"选项。将"亮度"设置为 -10，如图 10-63 所示；将"对比度"设置为 15，如图 10-64 所示。

 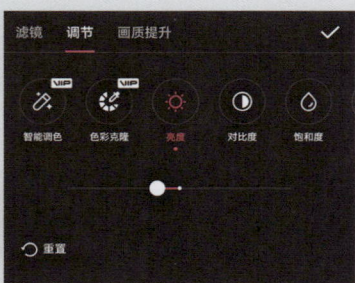 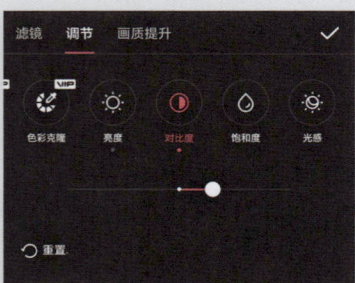

| 图 10-62 | 图 10-63 | 图 10-64 |

（3）将"饱和度"设置为 15，如图 10-65 所示；将"光感"设置为 7，如图 10-66 所示；将"高光"设置为 -10，如图 10-67 所示。

  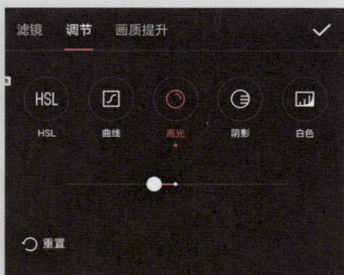

| 图 10-65 | 图 10-66 | 图 10-67 |

（4）将"阴影"设置为15，如图10-68所示；将"暗角"设置为8，如图10-69所示。点击"√"按钮，确认操作，在时间轴区域生成"调节1"。向右拖曳"调节1"右侧的边界框以调整时长，如图10-70所示。取消"调节1"的选取状态。

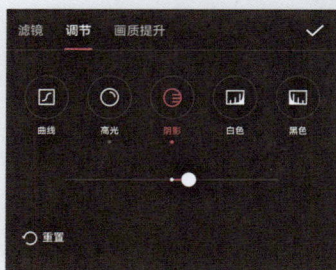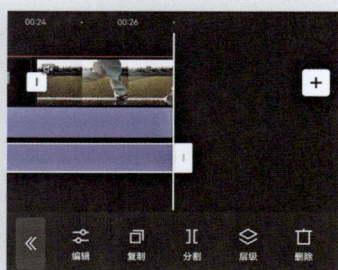

图 10-68　　　　　　　　　图 10-69　　　　　　　　　图 10-70

6. 添加标题文字

（1）返回素材起始位置，点击底部工具栏左侧的三角按钮，显示出需要的按钮，如图10-71所示。点击"文字"按钮，显示相应的按钮，如图10-72所示。点击"文字模板"按钮，弹出模板，如图10-73所示。

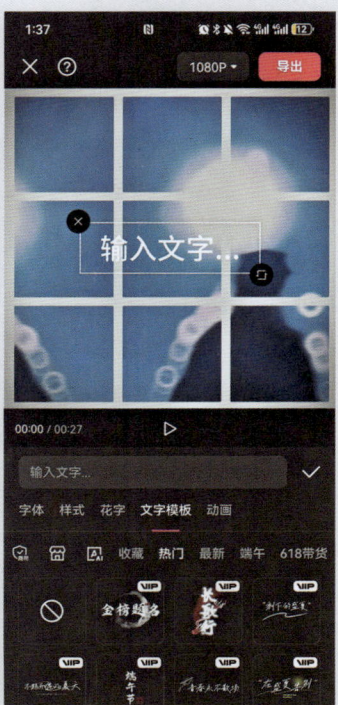

图 10-71　　　　　　　　　图 10-72　　　　　　　　　图 10-73

（2）在"夏日"模板中选择需要的模板，效果如图10-74所示。在预览窗口中分别选择文字并进行修改，如图10-75所示。点击"√"按钮，确认操作。添加标题文字，如图10-76所示。取消标题文字的选取状态。

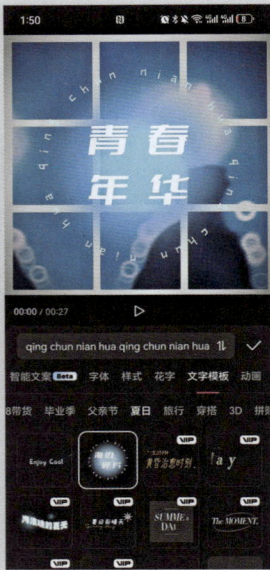

<table>
<tr><td>图 10-74</td><td>图 10-75</td><td>图 10-76</td></tr>
</table>

7. 添加音频和节拍

（1）点击底部工具栏左侧的三角按钮，显示出需要的按钮，如图 10-77 所示。点击"添加音频"，弹出相应的按钮，如图 10-78 所示。点击"音乐"按钮，进入"音乐"界面，如图 10-79 所示。

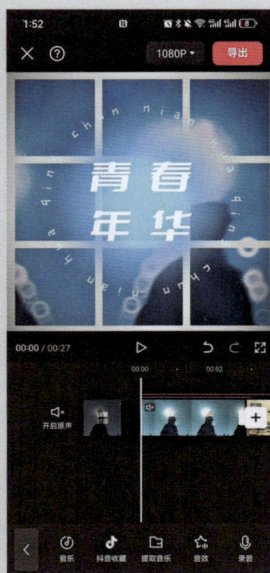

<table>
<tr><td>图 10-77</td><td>图 10-78</td><td>图 10-79</td></tr>
</table>

（2）在搜索框中输入"我们的青春"，点击"搜索"按钮，搜索出相关的多个音频。点击相应的音频，可以试听音频，如图 10-80 所示。点击右侧的"使用"按钮，添加选取的音频。在底部工具栏中向左滑动显示更多按钮，如图 10-81 所示。

（3）点击"节拍"按钮，弹出"节拍"选项。开启"自动踩点"，调整节奏点的速度，如图 10-82 所示，点击"√"按钮，确认操作。可以试听音频，试听结束后，返回素材起始位置。

 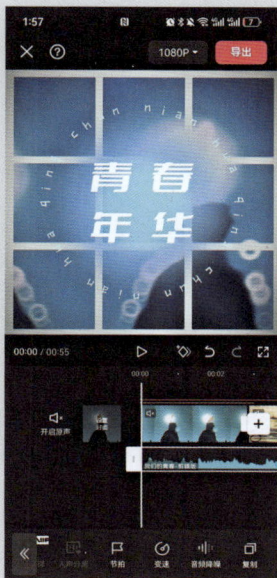 

图 10-80　　　　　　　图 10-81　　　　　　　图 10-82

8. 剪辑音频并制作淡出效果

（1）移动白色显示滑杆到 00:27 秒处，选择并分割音频素材，如图 10-83 所示。选中分割后右侧的音频素材，点击"删除"按钮，删除音频素材，如图 10-84 所示。

（2）选择音频素材，点击底部工具栏中的"淡入淡出"按钮，弹出"淡入淡出"选项，调整"淡出时长"选项，如图 10-85 所示。点击右下角的"√"按钮，确认操作。

 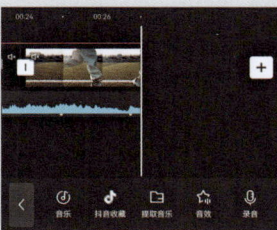 

图 10-83　　　　　　　图 10-84　　　　　　　图 10-85

9. 导出短视频

（1）预览完成后的短视频。点击上方的"1080P"，弹出导出选项设置界面，如图 10-86 所示。

（2）点击"导出"按钮，进入导出界面，如图 10-87 所示。导出完成后，点击"完成"按钮，如图 10-88 所示。可在图库 App 中回看短视频。

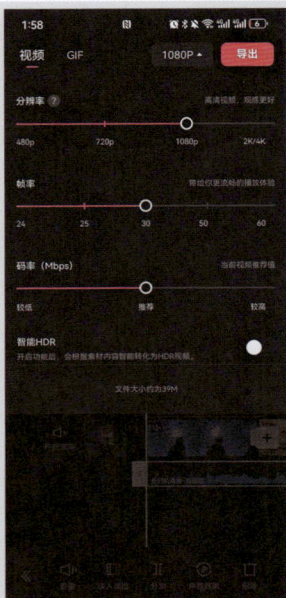

| 图 10-86 | 图 10-87 | 图 10-88 |

任务知识

10.1　认识动画

　　剪映 App 提供了丰富的动画效果，这些动画效果不仅可以使视频内容更加生动、有趣，还能有效地引导观众的视线，强化视频信息的传达，增强视频整体的视觉冲击力和艺术表现力。

　　动画效果主要包括"入场"动画、"出场"动画和"组合"动画，用户可以根据个人喜好和视频内容选择合适的动画效果并进行调整。

10.2　添加动画

　　导入并选中需要添加动画的视频素材，如图 10-89 所示。点击"动画"按钮，弹出选项栏，如图 10-90 所示。

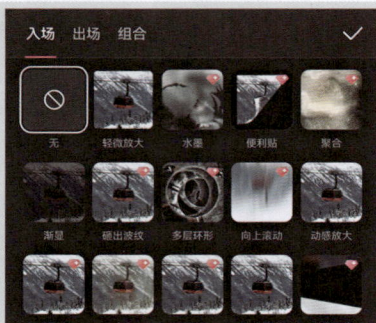

| 图 10-89 | 图 10-90 |

1. "入场"动画

在"入场"动画选项中，包括"轻微放大""水墨""便利贴""聚合""渐显"等动画。"入场"动画主要应用于素材的起始位置，使素材运动入场。

例如，选择"渐显"动画，如图 10-91 所示，拖曳蓝绿色滑块可以调整动画时长。播放效果如图 10-92 和图 10-93 所示。

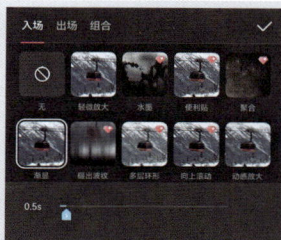  

| 图 10-91 | 图 10-92 | 图 10-93 |

2. "出场"动画

在"出场"动画选项中，包括"渐隐""飘散""水墨""便利贴""向右滑动"等动画。"出场"动画主要应用于素材的结束位置，使素材运动退出。

例如，选择"向右滑动"动画，如图 10-94 所示，拖曳玫红色滑块可以调整动画时长。播放效果如图 10-95 和图 10-96 所示。

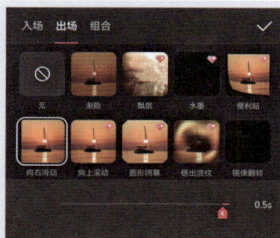  

| 图 10-94 | 图 10-95 | 图 10-96 |

3. "组合"动画

在"组合"动画选项中，包括"缩放""分身""四格滑动Ⅱ""分身Ⅱ""旋入晃动"等动画。"组合"动画包含入场动画和出场动画，所以为素材添加组合动画后，素材从开始到结束都处于运动状态。

例如，选择"缩放"动画，如图 10-97 所示，拖曳黄色滑块可以调整动画时长。播放效果如图 10-98 和图 10-99 所示。

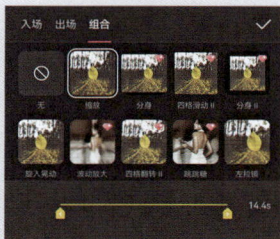  

| 图 10-97 | 图 10-98 | 图 10-99 |

任务扩展——制作《创业宣传片》短视频

进行前期视频素材的查找，在剪映 App 中创建并导入视频，设置画面比例，对视频素材进行剪辑并添加动画，为视频制作画中画效果，为视频添加特效、滤镜并调色，添加标题文字，添加音频和节拍，并对音频进行剪辑和制作淡出效果，导出并查看短视频。最终效果参看学习资源中的"项目 10\ 效果 \ 创业宣传片 .mp4"，如图 10-100 所示。

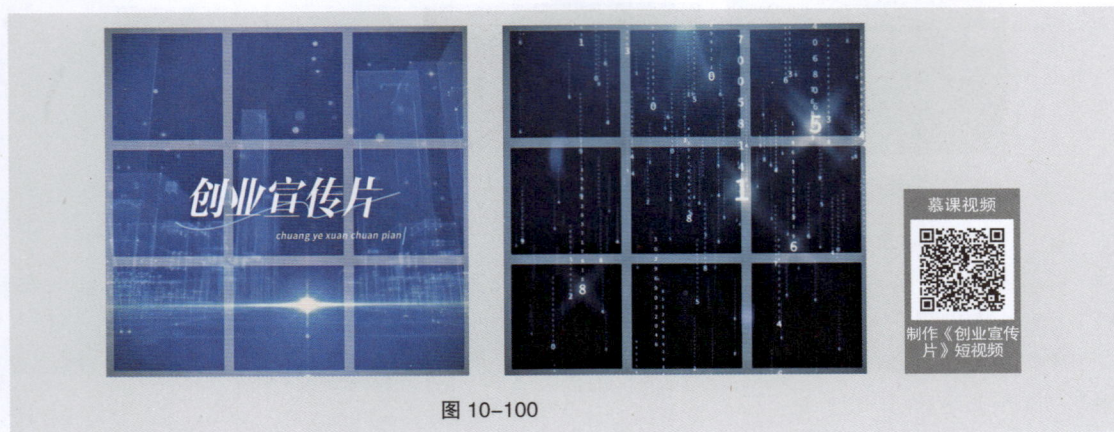

图 10-100

慕课视频

制作《创业宣传片》短视频

剪映短视频剪辑与运营（全彩慕课版）